徐丽　李佳轩　主编

Photoshop CS6
服装画表现技法

U0351964

化学工业出版社
·北京·

本书以电脑手绘为主，通过Photoshop全方位表现服装与配饰的绘制方法和创作技巧，具体内容包括服装概论，时装画的艺术形式及特征，服装佩饰的绘制，鞋靴与帽子的绘制，青春动感女装绘制，妩媚性感女装绘制，大方端庄的淑女装绘制，张扬个性的舞台装绘制，高贵典雅的晚装绘制。

　　本书实例创意新颖，步骤清晰，内容详尽，理论与实践相辅相成。附赠1张光盘。

　　本书可以作为服装设计、电脑美术设计人员以及广大服装艺术爱好者的指导用书，也可作为艺术院校服装设计和平面设计专业师生及社会相关领域培训班的教材。

图书在版编目（CIP）数据

Photoshop CS6服装画表现技法/徐丽，李佳轩主编.
北京：化学工业出版社，2013.4
　ISBN 978-7-122-16555-8

　Ⅰ.①P…　Ⅱ.①徐…②李…　Ⅲ.①服装设计-计算机辅助设计-图象处理软件　Ⅳ.①TS941.26

　中国版本图书馆CIP数据核字（2013）第030039号

责任编辑：张　彦　　　　　　　　　　　　文字编辑：谢蓉蓉
责任校对：边　涛　　　　　　　　　　　　装帧设计：王晓宇

出版发行：化学工业出版社（北京市东城区青年湖南街13号　邮政编码100011）
印　　刷：北京永鑫印刷有限责任公司
装　　订：三河市宇新装订厂
787mm×1092mm　1/16　印张20　字数521千字　　2014年8月北京第1版第1次印刷

购书咨询：010-64518888（传真：010-64519686）　　售后服务：010-64518899
网　　址：http://www.cip.com.cn
凡购买本书，如有缺损质量问题，本社销售中心负责调换。

定　　价：68.00元（配光盘）　　　　　　　　　　　　　版权所有　违者必究

前言
Foreword

本书是一部如何利用 Photoshop CS6 绘制现代服装效果的专著。作者结合自身多年的实际工作经验，通过大量的实例深入浅出、循序渐进地讲解了服装服饰的制作方法，以及教授读者利用电脑绘制时装设计图的绘画知识和技法。

服装画是以服装为表现主体，展示人体着装后的效果、气氛，并具有一定艺术性、工艺技术性的一种特殊形式的画种。服装画是一门艺术，它是服装设计的专业基础之一，是衔接服装设计师与工艺师、消费者的桥梁。

服装效果图是对服装设计产品较为具体的预览，它将所设计的服装，按照设计构思，形象、生动、真实地绘制出来。人们通常所指的"服装效果图"，便是这种类型的服装画。准确地说，"服装效果图"是服装画分类中的一种，是我们通常口语表达的服装。与服装效果图相比，服装画的内涵则更大、内容更丰富，包括多种形式，而且它们之间因所绘制的目的不同而有所区别。

服装广告画与插图是指那些在报纸、杂志、橱窗、看板、招贴等处，为某服装品牌、设计师、服装产品、流行预测或服装活动而专门绘制的服装画。与商业服装设计图相反，服装广告与插图并不注重服装的细节，而是注重其艺术性，强调艺术形式对主题的渲染作用，依靠服装艺术的感染力去征服观者。

本书内容与特色：

本书以电脑手绘为主，通过 Photoshop 全方位表现服装与配饰画的绘制方法和创作技巧，本书涉及的范围比较广泛，

Photoshop CS6 服装画表现技法

囊括了不同风格、不同质地的服装，书中着重以钢笔工具、画笔工具，与各种图形特效命令相结合绘制各种服装款式和服装饰品效果。

本书实例创意新颖，步骤清晰，内容详尽，理论与实践相辅相成。附赠1张DVD，内容包括书中实例素材和完成的效果文件，以方便读者参考和练习，确保每个实例都有与之相对应的源文件以及素材。

本书可以作为服装设计、电脑美术设计人员以及广大服装艺术爱好者的指导用书，也可作为艺术院校服装设计和平面设计专业师生及社会相关领域培训班的教材。

本书由徐丽、李佳轩主编，参加编写工作的还有刘茜，张丹，徐杨，王静，李雪梅，刘海洋，李艳严，于丽丽，李立敏，裴文贺，霍静，骆晶，刘俊红，付宁，方乙晴，陈朗朗，杜弯弯，谷春霞，金海燕，李飞飞，李海英，李雅男，李之龙，梁爽，孙宏，王红岩，王艳，徐吉阳，于蕾，于淑娟和徐影等。

在阅读和学习中有什么疑问，可发信至E-mail：skyxuli888@sina.com与作者联系。

作　者

2013年1月

目录
CONTENTS

第 **1** 章

概论

Chapter1

1.1 时装画的基础

1.1.1 时装画的概念

时装画是将服装设计构思以写实或夸张的手法表达出来的一种绘画形式（图1-1）。线条、造型、色彩、光线和面料肌理是时装画的基本要素。其种类因消费目标和绘画工具的不同而千变万化，有水彩、水粉、钢笔、铅笔、剪纸和计算机绘制等。时装画是表达服装设计构思的重要手段，是传递时尚信息的一种媒介，其对服装审美有积极的推动作用。在当今社会，时装画既有艺术价值，又有实用价值。

图1-1 时装画

1.1.2 时装画的分类

时装效果图（fashion sketch） 是指用以表现时装设计构思的概略性的、快速的绘画，通常着力表现时装的结构。时装效果图旁一般附有面料小样和具体的细节说明，是设计师在时装创作整个过程中灵感的捕捉。Skecth是草图的意思，这就是说时装效果图未必需要非常细致的刻画，但一些需要特别交待的结构细部，或整套服装的设计要点必须在时装效果图中表达得非常清楚。时装效果图不仅需要表达出服装的款式、颜色、材料质感，更要表现出服装的功能、环境、特殊工艺、流行趋势、市场定位等诸多商业因素，因为时装效果图比起其他几种时装画更能体现服装的商业价值。

流行时装画（popular fashion illustration） 常见于时装拓展机构的流行发布读物中，它并不是可以直接用于服装生产的时装画，而是按一定的流行趋势，浓缩了时尚概念所具有的指导意义的时装画。一般在每季到来之前半年的时间，由一些权威性机构或组织根据时装发展的趋势策划出来的流行发布。每季的流行时装画都会推出不同的主题，并反映在色彩、款式、面料这三大要素上，将流行时尚的信息与概念用夸张的手法表现出来。如国际羊毛局、中国服装设计师协会、香港贸易发展局、中国纺织信息中心等机构，每季都会通过报纸、杂志进行流行发布。

时装插画（fashion illustration） 是一种根据文章内容或编辑风格的需要、用于活跃版面视觉效果的时装画插图形式。它可以不具体表现时装款式、色彩、面料的细节，只希望画面能吸引读者，多配在时装报纸或杂志中，也常用于时装海报、POP广告、产品样本中。时装插画以简洁夸张的形式、富有魅力的形象引人注目，以达到加强视觉印象的目的（图1-2）。

图1-2 时装插画

1.2 服装设计与时装画

许多初学服装设计的人认为，时装画就是服装"套"在几个概念化的人体模特上罢了。于是硬背下来几个人体动态，将服装从平面图移到人体动态模特上，以为这便是所谓的时装画了。其实这样的理解是片面的，真正意义的时装画是从造型的根本问题入手，包含了大量的形象思维和创造性。

时装效果图（图1-3、图1-4）是服装设计的第一步。良好的时装设计效果图是准确有效地进行打板和制作的关键。它将设计师的构思完整、形象地展示出来，在服装与人体的关系上给人以直观的效果，是设计语言的形象化表达。国内外的服装设计比赛通常要求参赛的服装设计师先通过画出时装画，表达出设计理念和构思，经筛选入围后，再做成样衣。设计师作品入围与否，在很大程度上就取决于其时装画表达的优劣。时装画家萧本龙曾说："学画时装画不仅能学到一种本领，更能在学习过程中使审美能力提高。"设计师不仅在工作中需要不断记录形象资料，勾画造图，同时在这些不经意的笔触中领悟到一种审美情趣，也是服装设计的组成部分，一种表现方法。

图1-3　时装效果图（一）

图1-4　时装效果图（二）

　　我国加入WTO以后，服装设计随着服装产业的不断发展与完善越来越受到社会的关注与重视。服装产业和消费观念不断变化，生产类型向小批量、多品种、短周期模式发展，消费者品位也越来越高，服装设计水平直接影响着购买心理。为在激烈的市场竞争中立于不败之地，服装设计就要迎合消费者的需求，符合流行的发展趋势，不断推出新的设计作品。在这个意义上，时装画担负着重要作用，它将更准确、更有效地促进服装生产的发展，推动服装业的不断繁荣。

1.3　服装设计师与时装画

　　时装画是服装设计师知识结构的一部分。对服装设计师来讲，时装画的设计功能是：

　表达设计结构，体现设计效果；

　培养审美能力，提高鉴赏力；

　表现设计师风格和个性。

如果一个从事服装设计的人员不懂时装画，他的工作则无从下手，即使计算机辅助设计也需要专业人员操作。服装设计是一项有压力而且追求高效率、高质量的工作，所以服装设计师必须熟练地掌握时装画这门工具，得心应手地表达出自己的设计构想。服装设计师应该经过良好、正规的专业学习和训练，并具有深厚的设计艺术底蕴。设计大师们的时装画有的是设计草稿，有的是每季推出的新的款式图，有的是融入个人艺术风格的时装艺术画，但是无论什么时装画，其中都渗透着设计师们的创作精神与服装的艺术感染力。设计师能触及到的艺术高度必然在他的时装画中表露无遗，这也成为了现代设计师们越来越重视的本领。

时装画在某种意义上代表着设计师的创意特征和个人风格（图1-5）。在世界时装舞台上，一些著名的服装设计师非常善于运用时装画来传递自己的设计风格。虽然他们不一定是时装画家，但其作品传神、生动。20世纪初巴黎设计师波华亥与时装画家成功的合作，使设计师们越来越看中这

图1-5　将设计作品以时装画形式表现

种本领。卡尔·拉格菲尔是当今最具领导时尚能力的设计师之一，其独具的创造力在1986年出版的个人时装画专集中就充分体现了出来。它的作品大部分是写生，有毛笔勾勒、钢笔线条和彩笔的挥洒，其生动的笔触与大胆的设色颇具专业画家水平。

服装设计大师们的时装画不仅仅是设计图稿，有的纯粹是为了在每季推出新款的同时，以最快的、简洁的方式将其展现于世，表现了一种时尚设计理念和精神，有着摄影手法不可替代的效果。通过设计师的手笔，人们可以看出时装画不可避免地嵌入了设计师的设计理念和审美个性，拉近了设计师与顾客间的距离，同时也成了设计师品牌的标记。

1.4　服装配饰的表现方法

服装配饰的表现手法如图1-6～图1-14所示。

图1-6 耳饰

图1-7 丝巾

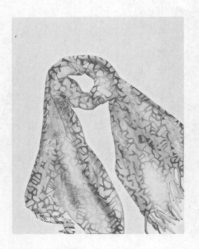

图1-8 丝巾

图1-9 腰带

图1-10 钱包

图1-11 时尚帽

图1-12　手拎包

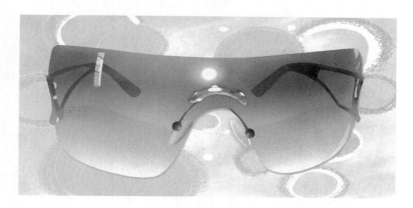

图1-13　太阳镜

图1-14　高跟鞋

Chapter 2

第 **2** 章

时装画的艺术形式及特征

2.1 时装画的表现形式

优秀的时装画，除了服装结构表达准确，色彩、质感、图案等表现得当以外，还应当有艺术的感染力（图2-1）。时装画的表现形式很丰富，它是画者在表现对象时的艺术倾向及创造。时装画家都有自己特有的艺术表现形式，他们往往先为一种特质所感动，然后以自己独特的艺术见解、鲜明的艺术风格给人以很强的艺术感染。下面介绍一些时装画的主要表现形式。

2.1.1 具象表现形式

具象，就是具体的形象。具象的画面造型来源于自然，但更融入了对自然的联想、象征和隐喻。时装画的具象表现形式是一种接近现实的描绘风格，虽有夸张但不强烈。对人物服饰刻画得较细腻，接近现实生活。

早期的时装绘画很注重写实效果，不论是服装还是人物都以"像"和"不像"来进行评判，画家们非常倾心于人物的比例协调、色彩和谐、构图平衡等传统的艺术手法。那时的画家们在进行绘画创作的同时，无形中创造了一种新的绘画画种。

我们运用具象的表现形式时，不能机械地像照相机一样模仿，要通过对服装的认真分析，进行概括和提炼，可以将人物的比例和动态进行少许的夸张、变化，以达到理想美的标准（图2-2）；对服装线条、色彩进行归纳处理，有取有舍，主次分明（图2-3）。总之，不能原封不动地表现客观对象。有时为了强调时装的某一局部特征，可以除去一些不必要的细节，将设计师的思维亮点突出显现，但也要注意画面的整体效果，相互协调。

图2-1 时装画的感染力

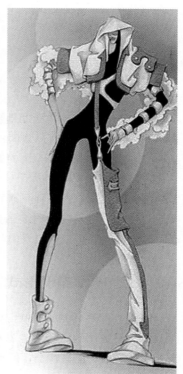

图2-2 时装画的夸张、变化

图2-3　时装画的线条处理

　　历史上也有许多杰出的擅长具象表现形式的时装画家。

　　（1）乔治·斯塔罗尼（George Stavrinos）所做的时装画，基本上是以素描的形式，通过对衣褶的光影描绘，真实生动地反映时装的款式造型、面料肌理及衣纹变化，但其不同于一般的素描作品，其中包含对形式的提炼和对服装的理解；

　　（2）沙朗（Sharon）的时装画以粉彩写生的形式，将所要表现的细节刻画得极为生动；

　　（3）赫莱娜·梅杰拉（Helene Majera）所表现的服装装饰效果和衣纹处理，鲜明地运用具象的表现形式来追求那种服饰的单纯的形式美；

　　（4）熊谷小次郎的时装画也十分有魅力。其对人物形象及化妆、发型的描绘既样样精细又有所强调，表现了繁华浪漫的时尚生活。

2.1.2　抽象表现形式

　　抽象艺术是1910年开始流行于西方国家的现代美术流派，至今乃方兴未艾。这一流派在画面上做几何形体的组合或色彩和线条的挥洒，抛弃客观世界的具体形象和生活内容。"无物象"为其绘画艺术的语言特征，既可追求新异，也可表现怪诞。

　　它限定在两个明确的层面上：其一是将自然的外貌约减为简单的形象；其二是指不以自然形貌为基础的艺术构成。抽象画是当今纯艺术绘画的主流，是凭借作者的创造力和想象力，从自然物象或是几何学原形中提炼出的精华，并加以线条或色彩构成的画面。

抽象的时装画使夸张的服装艺术形象既符合主观愿望，又符合事物的客观规律。装饰风韵的时装画既有抽象表现形式，也有意象表现形式。抽象的时装画用抽象的形式去掩饰服装的内容，将服装融化在独特的创意造型中。

形形色色的抽象艺术流派，与抽象时装画的精神是相互贯通的。总结现代艺术的形式，将它用于时装画的创作是很有必要的。

（1）时空观念的改变与画面处理的关系

现代艺术打破了同一时间、同一空间、同一地点的真实环境，新的时空观念突出了主观处理的重要性。我们看到超现实风格的时装画运用了这个观念，将没有任何联系的东西作"道具"，贯穿在时装人物的构图中，取得了很好的趣味性画面的效果。

图2-4　时装画的感召力

（2）自然形象与艺术造型之间的联系与区别

现代艺术主张单纯化、几何化的简明结构，并由此走向抽象。这里首先提出的是艺术造型本身的价值，就是作为特定的造型艺术语言及其规律作用于具体形象的要求不是客观的。这里包含着夸张、变形、提炼、升华，是形式的需要，时装画中的比例、形态、节奏的艺术处理正是为了强化这种感召力（图2-4）。

（3）色彩的感情力量表现

现代艺术完全打破了色彩的客观限制与束缚，大胆地创造了理想的色彩境界。比如野兽主义、表现主义对色彩的运用及大胆、奔放的笔触，表现了一种感情的宣泄和流露。在时装画中，画家们也借鉴了这种表现形式，加强了色彩本身的力量，运用简洁、平面的色彩语言突出了艺术表现力（图2-5、图2-6）。

图2-5　时装画的表现力（一）

图2-6　时装画的表现力（二）

2.1.3 意象的表现形式

图2-7 写意时装画（一）

意象的表现形式是一种意识、一种精神，借助于笔墨之意，表达作者的情感、意志和内在气质，是作者对民族、社会、时代、自然深邃体察的总和。

意象的表现形式和"写意中国画"有很多相似之处，它们都是以简洁的手法，概括地描绘时装人物的基本形态和神韵，其线条和色彩以十分精练的笔触抓住优美动人的一面，落笔大胆、迅疾，有着气韵生动的效果。同样强调意在笔先，意到笔未到，做到胸有成竹，然后一气呵成。也可以意在笔后，胸无成竹，就是在表现时先画出一个抽象的形态，再根据这一特殊效果来进行创作，细心收拾、处理，达到一种变幻莫测的艺术效果。

作为人的主观世界活动的"意"，其本身是不能直接"用笔"的，中国画以意使笔的要领，就在于以气使笔，以意领气，即所谓"意到气到"，"气到力

到"。"意在笔先"就是说画家在命笔落纸之前即已形成了立意构思，一旦笔行纸上，意在笔中，实际上已变为一种潜意识的活动，这时起作用的是由意而产生的气，在气的驱使下，画家可能"心意于笔，手忘于书同，心手达情"，也会达至"不滞于手，不凝于心，不知然而然"的境界。

写意时装画着力表现服装内在的神韵和气质，追求画面的节奏、韵律、气势之美，注意用笔的轻重缓急、抑扬顿挫、方圆粗细、干湿浓淡等手法，妙在虚与实、藏与露、具体与省略的技巧中，以达到清新、爽快之意趣，产生笔断意连的艺术境界（图2-7～图2-9）。

图2-8 写意时装画（二）

图2-9　写意时装画（三）

　　写意时装画多见于报纸、杂志中的插画、流行介绍及设计师手稿中。如WWD工作的肯尼斯·保尔·布洛克（Kenneth Paul Block）等一批美国时装画家很擅长此类风格。日本的矢岛功、野岛矶及中国台湾的萧本龙等也是写意风格的代表画家。现代时装画家马茨（Mats）擅长用非常简练的手法，寥寥数笔的线条或粉彩即可将服饰形象描绘得栩栩如生，是写意时装画的典型代表。

　　在意象的表现形式里不得不提及的一个表现方法就是省略。省略的方法含蓄简洁，既整体形象强烈又突出重点，并能产生笔断意连、引人入胜的效果。运用省略法一定要熟练掌握人体结构、表情、基本动作及质感、图案，该省的不省，不该省的省去了，就失去了省略的意义。

2.2　时装画的艺术特征

　　任何门类的艺术都有其独立的特征。时装画虽然不同于一般的人物绘画，它也具有造型艺术的共同特征，可以说它是介于美术创作与设计之间的一种艺术。它是从审美的角度把人及其服饰作为一个综合的整体形象来反映，是利用一定的物质材料通过视觉形象的构成因素——形、色、线作为自己的艺术表现手段，在实在的空间中描绘可以被视觉感官直接感受的艺术形象，来反映时装的美，表达画家或设计师对社会生活的认识、理解、评价及思想。他们将艺术的表现力、感染力注入服装的内容之中。

　　在绘画所具有的一般规律上，时装画融会了其特殊的时装语言，即在一般绘画要素，如构图、艺术构思、色彩、形态、形式法则及材料技巧方面有相通的一面，但又有时装画独立的形式语言。

2.2.1 单纯的构图

时装画的构图主要是人物动态的组合，其他衬物衬景作为辅助形象服从于主体，它不需要过多地表现三维空间，反而应更多地表现整体的布局、明晰的廓形，视觉上有稳定感。构图实际上也是一个思维过程，它将所要表达的东西在画面上建立起次序，并使之形成一个可以理解的整体，同时表现出一定的内容，表达一定的气氛（图2-10）。

图2-10　时装画的构图

时装画的构图力求单纯化，目的十分明确，直接给人以表现服装及时尚的视觉形象。在不同的时装画类型中，所强调的构图形式也有所区别。时装设计效果图在构图上更加程式化、单纯化，并且在人物动态上具有典型性。可以将人物按一定的系列组合构成完整的画面，至于组合方式及人物的动态可依主题风格而定，可单纯地排列、平展式动态，以充分展示服装的效果。也可使画面构图更活泼些，不规则地排列组合，如前后层次的组合、大小比例的组合、相互穿插重叠的组合等。

在时装画的构图中，当单一形象作为表现主体的时候，应明确表现主题思想，通过具有强烈感染力的服装式样以及相应的造型风格体现出来。这样，将具有明显特征的对象置于画面的显要位置，使它一目了然。同时为了避免在观察时视觉的单调化，在处理局部的时候，常常需要进行有目的的刻意描绘，如突出头部表情特征或把人们的注意力引向某一细节，使画面的视觉兴趣点突出。时装画家威拉芒特、萧本龙等非常善于刻画细节。他们的作品画面显得非常生动，耐人寻味。

群体形象的组合构图要强调呼应，使人物动态既相互联系又有所区别变化，在总体风格一致的情况下形成协调的画面气氛。如二人或四人系列的构图，在一般情况下，人物的比例要大致相同，动态上风格统一。但有时为取得特别的效果，可利用对比来破坏这种较严谨的秩序，体现创意性的构图，如有意将人物进行大小的对比安排、组合上运用疏密的关系、或局部与整体组成同一画面等，造成一种变异的构图，增加画面的趣味性和灵活性。

无论是个体还是群体的构图，都应以表现时装或时尚风貌为宗旨，为了衬托主体，可增加一些辅助性形象以丰富画面效果，但切不可喧宾夺主。服饰形象是画面的强化中心，这一点不能忽视。

2.2.2 无情节的描绘

时装画的目的是为了从形象上理解设计的意图，因而不像一般的人物表达富于情节性（图2-11）。比如，文学插画就需要表达人物的性格表情、内心思想，用对环境的描绘来衬托主题。而时装画最主要的一个特点就是不需要去描绘情节和刻画复杂的人物内心活动，即使在早期的时装版画中，虽多有环境及道具的衬托，而人物及服饰与场景的关系不大，但看上去还是突出服饰的描绘。

图2-11　时装画的无情节描绘

2.2.3　夸张的人体及动态

　　在世界上一切美的事物中，人体是最完美和谐的。富有韵律的人体曲线是人类固有的特征。人体的比例、结构造型和肌肉构成了美的形式，被艺术家视为理想的表现对象。人体绘画也是时装画的基础及美感训练的重要课题。

　　希腊人经过一百多年的探索，到公元前5世纪的时候，形成了人体美的理想形象，摆脱了那种朴素的自然性的束缚，而自由地把力与美统一于一身。在人体的造型、比例等方面，他们有意识地提炼加工，形成一种相对固定的模式，如重心落在一只脚上的站立姿势、单纯静穆的仪态表情等。这一具有时代感的共同审美心理的理想形式，一直被奉为艺术的典范。

　　现实中的人体与理想美的差距往往在于比例。古希腊雕塑的人体比例是在现实的基础上经过艺术夸张的，所以它符合人的视觉审美要求，近似"黄金分割"比率。时装画中的人体不是一般绘画的人体概念，因我们所描绘的服装设计理念都是要突出某些特质，比现实客观对象更鲜明、更有强调性。所以作为时装画的人体更应夸张其比例，达到视觉效果最理想的状态。其目的是为了表现美、创造美，帮助人们按照美的规律来改善生活方式。因此，对人体的夸张是时装画的又一个重要特征（图2-12）。

图2-12 时装画夸张的人体

对人体的夸张首先是比例上达到理想的观感效果。比例一般高于古希腊雕塑中的八头身比例。这种夸张高度并不是均等地将人体拉长，而主要是加长下肢，形成以腰为分割点的上下关系，这样不仅使整体比例上悦目，还使动态显得有节奏、有力度。人类很早就懂得了夸张下肢长度的作用，从阿尔及利亚崖画原始人狩猎的场面中可以看到人物明显夸张了双腿，非常富于动势和力量感。现代人喜欢穿高跟鞋，其目的就是将下肢垫起增加高度，与上身形成和谐的比例。

变形是夸张的重要手段（图2-13、图2-14）。安东尼奥很善于捕捉生活中既司空见惯又在那一瞬间的不平常中动态，可谓变平淡为新奇的典范。时装画的美丽就在于它可以将服装进行变形，有装饰化的效果。符合理想中的美，甚至可以夸张到人体不能达到的形态，但依然会感觉合情合理。作为形象思维的时装创作也同其他艺术一样，通过想像和虚构创造出既来自生活又高于生活的艺术形象。

由于下肢的加长，使人体的整体比例夸张到八头高以上的高度，往往相应的一些部位也随之夸张，使人体更加修长。如颈部、上肢的长度、手与脚的姿势，胸、腰、臀部的曲线等。不仅要有纵向长短的夸张，同时也要有横向宽窄的夸张，如肩与腰及腰与臀的关系、上肢与下肢的宽窄程度等。当然，具体夸张到何种地步要视画者的意图及所追求的风格、时装画的类型而定。夸张变形后的人体可能会很细长，但在各部分之间的比例上应符合客观规律，下肢变形得再细也不能细于上肢；腰变形得再窄也不能窄过颈项。

图2-13 变形（一）

2.2.4 强化服饰语言

　　服饰语言包括服装的材料、色彩、造型、装饰等。服装的材料是设计师将灵感、创意表现为实际服装的载体。往往是从发现材料美的所在而产生"创意"的设计，由于材料美不仅仅有视觉上的美，更有触觉上的美，这就意味着时装画家们需要在纸上突出材料的舒适感、纹理性、光泽性、适合性、挺括性、伸缩性。

　　时装画的色彩带有强烈的感情倾向，或冷或暖的色调在很大程度上反映了画家的主观情感。人对时装色彩所传递的信息是非常敏感的，这就是求画家要把握时装画的色彩，强化服装的色彩语言，考虑将怎样的情绪带给大家。例如：红色调的服饰既给人一种热情奔放的感觉，又使人联想到了暴力和血腥；蓝色既可以是乐天派的代表色，也可以象征忧郁、烦恼。画者应当有很好的色彩主观判断力，并运用精湛的画技来完善强化色彩的象征意义。

　　服装设计的灵感来源于各个方面，不能单从美术的角度去强调，许多优秀的设计其灵感来源于服装的材料、造型结构、工艺手法等方面，显现出非常丰富的效果。对服饰的造型进行加工、提炼，抓住人物穿着的特征，夸张形体、夸张动态、夸张比例、夸张神态、夸张服饰，使服饰的特点更鲜明，人物性格更突出（图2-15）。在艺术加工处理上应本着变繁为简、变平为奇、去粗取精的原则，在实际创作中可能出现造型过于复杂而影响整体美感的情况，需要有取舍提炼的过程。该藏则藏，该露则露，矫饰则虚，过艳则假，不画十分，隐蓄含秀，作品的感人之处往往在于内涵中透出奇趣。

图2-14　变形（二）

图2-15　服饰造型的加工、提炼

Chapter 3

第 3 章

服装配饰的绘制

3.1 彩钻胸针绘制

Step 1 新建文件。

Step 2 设置路径工具选项。

Step 3 绘制路径。

Step 4 转换选区，填充颜色。

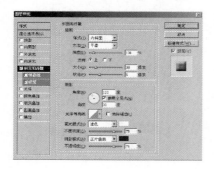

Step 5 设置图层样式－斜面和浮雕。

Step 6 设置图层样式－斜面和浮雕－纹理。

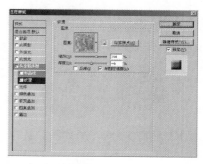

Step 7 样式效果。

Step 8 绘制路径。

Step 9 填充颜色。

Step 10 设置图层样式－斜面和浮雕。

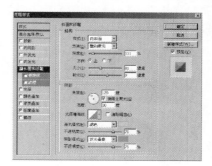

● **Step 11** 设置图层样式－斜面和浮雕－图案叠加。

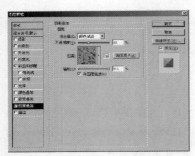

● **Step 12** 样式效果如图。

● **Step 13** 复制多个图层如图。

● **Step 14** 设置减淡工具。

● **Step 15** 减淡修饰。

● **Step 16** 设置减淡工具。

● **Step 17** 减淡修饰。

● **Step 18** 绘制路径，转换选区。

● **Step 19** 设置加深工具。

● **Step 20** 加深修饰。

● **Step 21** 进一步修饰。

● **Step 22** 设置画笔工具。

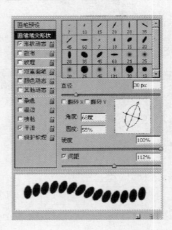

● **Step 23**　设置画笔工具。

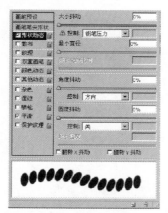

● **Step 24**　绘制图案。

● **Step 25**　设置图层样式－斜面和浮雕。

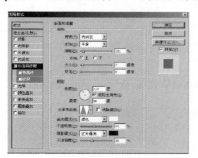

● **Step 26**　样式效果如图。

● **Step 27**　绘制路径。

● **Step 28**　填充效果。

● **Step 29**　设置图层样式－斜面和浮雕。

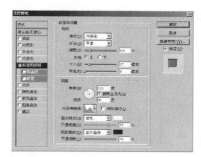

● **Step 30**　样式效果。

● **Step 31**　设置减淡工具。

● **Step 32**　减淡修饰。

● **Step 33**　绘制圆形，填充颜色。

Step 34 加深、减淡修饰。

Step 35 复制图层。

Step 36 进一步修饰得到整体效果。

Step 37 添加素材，最终效果。

3.2 彩色金属饰品绘制

 设计步骤

Step 1 新建文件。

Step 2 绘制路径。

Step 3 转换选区，填充颜色。

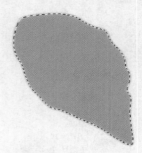

Step 4 绘制路径。

● **Step 5**　设置画笔。

● **Step 6**　描边路径。

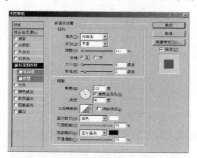

● **Step 7**　设置图层样式 – 斜面和浮雕。

● **Step 8**　修饰后效果。

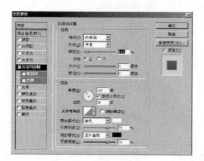

● **Step 9**　设置图层样式 – 斜面和浮雕。

● **Step 10**　修饰后效果。

● **Step 11**　进一步修饰得到效果。

● **Step 12**　设置减淡工具。

● **Step 13**　减淡修饰。

● **Step 14**　加深修饰。

● **Step 15**　复制图层。

● **Step 16**　进一步复制图层。

Step 17 设置调整色相、饱和度。

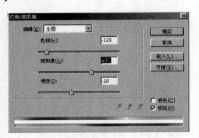

Step 18 修饰后效果。

Step 19 绘制图案，调整画笔，描边路径。

Step 20 设置图层样式－投影。

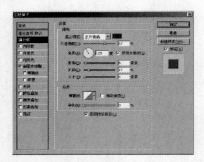

Step 21 修饰后效果。

Step 22 绘制选区，转换路径，填充颜色。

Step 23 设置图层样式－斜面和浮雕。

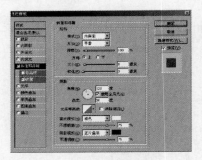

Step 24 设置图层样式－斜面和浮雕－纹理。

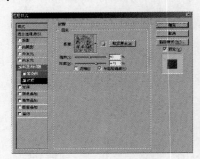

Step 25 修饰效果。

Step 26 绘制路径，转换选区，填充颜色。

◆ **Step 27** 设置图层样式－图案叠加。

◆ **Step 28** 修饰后效果。

◆ **Step 29** 进一步修饰效果。

◆ **Step 30** 修饰效果。

◆ **Step 31** 设置减淡工具。

◆ **Step 32** 减淡修饰。

◆ **Step 33** 绘制路径，填充颜色。

◆ **Step 34** 绘制路径，选择扩展选项设置。

◆ **Step 35** 设置描边命令。

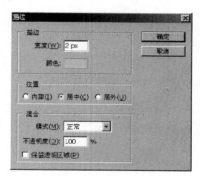

◆ **Step 36** 描边效果如图。

◆ **Step 37** 设置图层样式－斜面和浮雕命令。

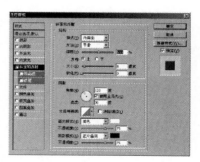

● **Step 38**　修饰后效果。

● **Step 39**　路径描边效果。

● **Step 40**　修饰后效果。

● **Step 41**　进一步修饰后效果。

● **Step 42**　排列图层效果。

● **Step 43**　设置图层样式－投影。

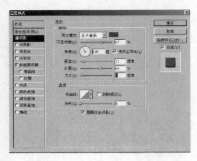

● **Step 44**　修饰后效果。

● **Step 45**　进一步修饰后效果。

● **Step 46**　图层效果。

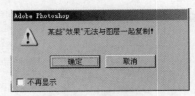

● **Step 47**　复制多个图层效果。

● **Step 48**　设置图层样式－斜面和浮雕命令。

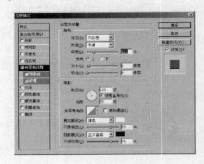

● **Step 49**　修饰效果。

● **Step 50**　修饰后效果。

● **Step 51**　设置减淡工具。

● **Step 52**　修饰效果。

● **Step 53**　绘制路径。

● **Step 54**　设置前景色，描边路径效果。

● **Step 55**　设置斜面和浮雕命令。

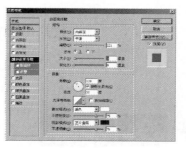

● **Step 56**　设置后效果。

● **Step 57**　设置减淡工具。

● **Step 58**　修饰效果。

● **Step 59**　设置图层样式－斜面和浮雕。

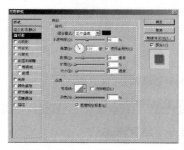

● **Step 60**　最终效果。

3.3 彩珠胸针绘制

 设计步骤

● **Step 1**　新建文件。

● **Step 2**　绘制路径。

● **Step 3**　转换选区，填充颜色。

● **Step 4**　设置加深工具。

● **Step 5**　加深修饰。

● **Step 6**　设置减淡工具。

● **Step 7**　减淡修饰。

● **Step 8**　绘制路径。

● **Step 9**　填充颜色。

● **Step 10**　绘制图案。

● **Step 11**　绘制路径。

● **Step 12** 转换选区，填充颜色。

● **Step 13** 设置加深工具。

● **Step 14** 加深修饰。

● **Step 15** 复制图层。

● **Step 16** 设置减淡工具。

● **Step 17** 减淡修饰。

● **Step 18** 绘制路径，转换选区。

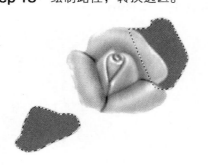

● **Step 19** 设置减淡工具。

● **Step 20** 减淡修饰。

● **Step 21** 设置加深工具。

● **Step 22** 加深修饰。

● **Step 23** 绘制圆形，填充颜色。

● **Step 24** 修饰图案。

● **Step 25** 复制圆形。

● **Step 26** 复制图层。

● **Step 27** 进一步复制图层。

● **Step 28** 绘制椭圆，填充颜色。

● **Step 29** 修饰图案。

● **Step 30** 复制图层。

● **Step 31** 绘制圆形，填充颜色。

● **Step 32** 减淡修饰。

● **Step 33** 绘制图案，加深，减淡修饰。

● **Step 34** 绘制路径。

● **Step 35**　描边路径。

● **Step 36**　设置画笔。

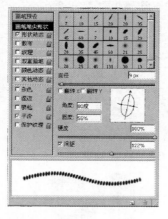

● **Step 37**　设置画笔。

● **Step 38**　画笔描边。

● **Step 39**　设置斜面和浮雕。

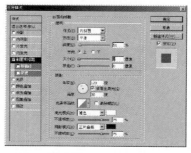

● **Step 40**　样式效果。

● **Step 41**　设置减淡工具。

● **Step 42**　减淡修饰。

● **Step 43**　绘制图案，填充颜色。

● **Step 44**　减淡修饰。

● **Step 45**　绘制图案，填充颜色。

● **Step 46**　减淡修饰。

● **Step 47**　转换选区，填充颜色。

● **Step 48**　减淡修饰。

● **Step 49**　绘制图案，填充颜色。

● **Step 50**　绘制路径。

● **Step 51**　设置斜面和浮雕命令。

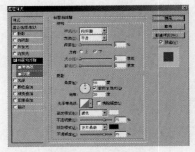

● **Step 52**　样式效果。

● **Step 53**　绘制椭圆并修饰。

● **Step 54**　绘制图形并填充颜色，复制图形。

● **Step 55**　设置图层样式 – 斜面和浮雕。

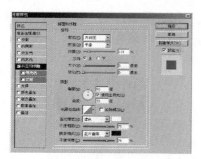

● **Step 56**　样式效果。

● **Step 57**　整幅效果。

● **Step 58**　添加素材，最终效果。

3.4　18K金与玉石耳环绘制

 设计步骤

● **Step 1**　新建文件。

● **Step 2**　绘制路径。

● **Step 3**　转换选区，填充颜色。

● **Step 4**　设置斜面和浮雕。

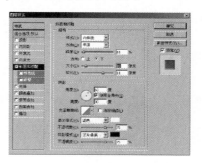

◆ **Step 5**　修饰结果。

◆ **Step 6**　绘制路径。

◆ **Step 7**　填充颜色。

◆ **Step 8**　设置斜面浮雕－纹理。

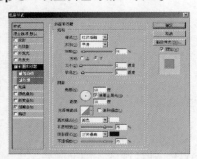

◆ **Step 9**　设置图层样式－图案叠加。

◆ **Step 10**　修饰效果。

◆ **Step 11**　设置加深工具。

◆ **Step 12**　修饰效果。

◆ **Step 13**　绘制圆形填充颜色。

◆ **Step 14**　设置减淡工具。

◆ **Step 15**　减淡修饰。

◆ **Step 16**　加深修饰。

◆ **Step 17**　复制图层。

◆ **Step 18**　绘制路径。

◐ **Step 19**　减淡修饰。

◐ **Step 20**　绘制路径填充颜色。

◐ **Step 21**　设置图层样式－斜面和浮雕。

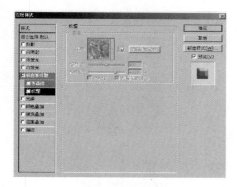

◐ **Step 22**　修饰效果。

◐ **Step 23**　进一步修饰。

◐ **Step 24**　绘制路径。

◐ **Step 25**　填充颜色。

◐ **Step 26**　加深修饰。

◐ **Step 27**　设置斜面和浮雕。

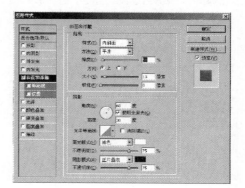

● **Step 28** 进一步修饰。

● **Step 29** 绘制路径。

● **Step 30** 填充颜色。

● **Step 31** 设置斜面和浮雕。

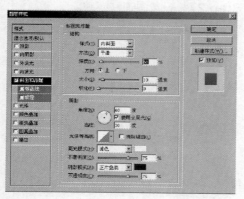

● **Step 32** 修饰效果。

● **Step 33** 复制图层。

● **Step 34** 绘制图案。

● **Step 35** 绘制图案。

● **Step 36** 进一步修饰。

● **Step 37** 进一步绘制图案。

● **Step 38** 修饰效果。

● **Step 39** 设置画笔工具。

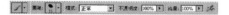

● **Step 40** 设置斜面和浮雕。

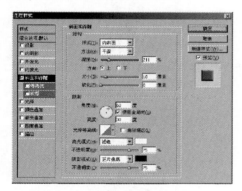

● **Step 41** 修饰效果。

● **Step 42** 绘制图案。

● **Step 43** 设置斜面和浮雕。

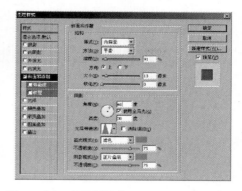

● **Step 44** 图层样式。

● **Step 45** 调整位置。

● **Step 46** 绘制路径。

● **Step 47** 设置斜面和浮雕。

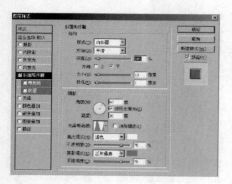

● **Step 48** 修饰效果。

● **Step 49** 进一步修饰效果。

● **Step 50** 绘制路径。

● **Step 51** 复制图层。

● **Step 52** 设置斜面和浮雕。

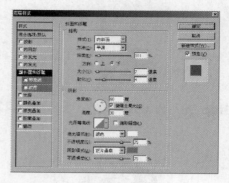

● **Step 53** 修饰效果。

● **Step 54** 最终效果。

● **Step 55** 添加背景素材。

3.5 钻石与彩石组合的胸针绘制

  设计步骤

Step 1 新建文件。

Step 2 绘制路径。

Step 3 转换选区，填充颜色。

Step 4 设置减淡工具。

Step 5 减淡修饰。

Step 6 转换选区。

Step 7 设置减淡工具。

Step 8 减淡修饰。

Step 9 设置加深工具。

Step 10 加深修饰。

Step 11 调整色相饱和度。

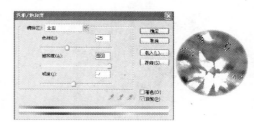

● **Step 12** 描边路径。

● **Step 13** 跳变效果。

● **Step 14** 设置斜面和浮雕。

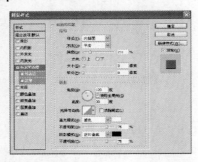

● **Step 15** 修饰效果。

● **Step 16** 复制图层。

● **Step 17** 设置椭圆工具，绘制圆形路径。

● **Step 18** 设置画笔工具。

● **Step 19** 绘制路径描边路径。

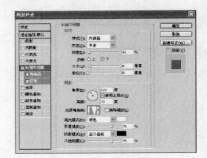

● **Step 20** 设置斜面和浮雕。

● **Step 21** 修饰效果。

● **Step 22** 进一步修饰效果。

● **Step 23**　复制图层。

● **Step 24**　设置图案叠加。

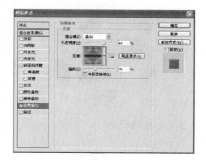

● **Step 25**　修饰效果。

● **Step 26**　设置减淡工具。

● **Step 27**　复制图层。

● **Step 28**　绘制路径。

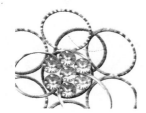

● **Step 29**　填充颜色。

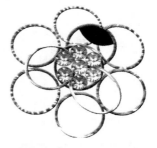

● **Step 30**　设置画笔。

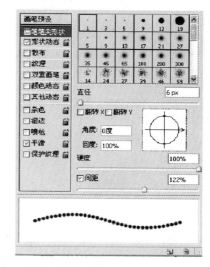

● **Step 31**　描边路径。

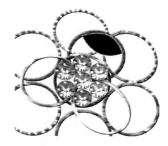

● **Step 32**　设置斜面和浮雕。

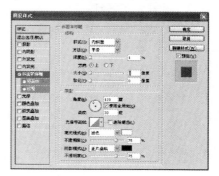

Step 33　修饰效果。

Step 34　调整色相饱和度。

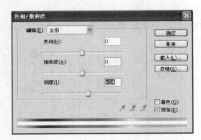

Step 35　修饰效果。

Step 36　最终效果。

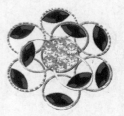

Step 37　修饰效果。

Step 38　最终效果。

3.6　真丝方巾绘制

 设计步骤

Step 1　新建一个文件。

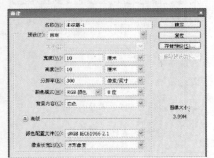

Step 2　设置钢笔工具。

Step 3　使用钢笔工具绘制路径。

● **Step 4** 设置羽化半径。

● **Step 5** 设置颜色并填充颜色。

● **Step 6** 使用钢笔绘制路径。

● **Step 7** 设置画笔工具。

● **Step 8** 使用画笔工具描边路径。

● **Step 9** 设置颜色并填充颜色。

● **Step 10** 使用画笔将颜色填充。

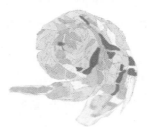

● **Step 11** 设置模糊工具。

● **Step 12** 修饰后的效果。

● **Step 13** 进一步修饰得到效果。

● **Step 14** 设置加深工具。

● **Step 15** 修饰后效果。

● **Step 16**　进一步修饰。

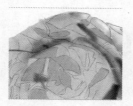

● **Step 17**　设置减淡工具。

● **Step 18**　使用减淡工具修饰后得到效果。

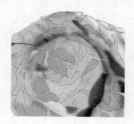

● **Step 19**　使用钢笔工具绘制路径。

● **Step 20**　设置羽化半径，设置加深工具，使用加深工具修饰。

● **Step 21**　使用钢笔绘制路径。

● **Step 22**　设置羽化半径。

● **Step 23**　设置橡皮擦工具。

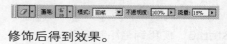

修饰后得到效果。

● **Step 24**　设置涂抹工具。

● **Step 25**　对画面进行涂抹。

● **Step 26**　设置加深工具。

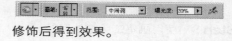

修饰后得到效果。

● **Step 27**　设置减淡工具。

● **Step 28**　修饰后得到效果。

● **Step 29**　添加背景素材，最终效果。

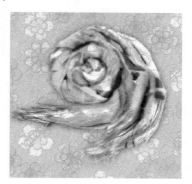

3.7　雪纺长条巾绘制

● **Step 1**　新建文件。

● **Step 2**　设置钢笔工具。

● **Step 3**　使用钢笔绘制路径。

● **Step 4**　设置羽化半径。

● **Step 5**　设置前景色。

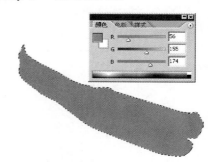

● **Step 6**　使用钢笔描边路径。

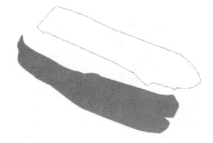

● **Step 7**　设置羽化半径。

Step 8　设置前景色。

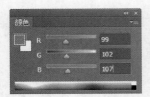

Step 9　将路径转换选区，填充前景色。

Step 10　使用钢笔绘制路径。

Step 11　设置羽化半径。

Step 12　设置前景色。

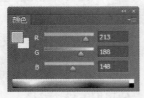

Step 13　将路径转换选区填充前景色。

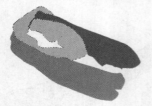

Step 14　使用钢笔绘制路径。

Step 15　设置羽化半径。

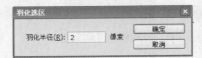

Step 16　设置加深工具。

Step 17　将路径转换选区，加深修饰。

Step 18　设置前景色。

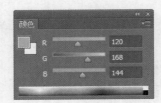

Step 19　设置画笔。

Step 20　修饰图案效果。

Step 21　使用钢笔绘制路径。

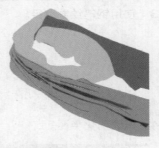

Step 22　设置减淡工具。

◆ **Step 23**　减淡修饰效果。

◆ **Step 24**　设置加深工具。

◆ **Step 25**　设置减淡工具。

◆ **Step 26**　减淡修饰效果。

◆ **Step 27**　绘制路径效果。

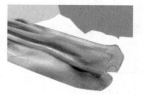

◆ **Step 28**　设置羽化半径。

◆ **Step 29**　设置加深工具。

◆ **Step 30**　加深修饰。

◆ **Step 31**　进一步修饰。

◆ **Step 32**　设置橡皮擦。

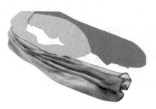

◆ **Step 33**　橡皮擦修饰。

◆ **Step 34**　设置前景色。

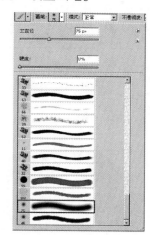

◆ **Step 35**　设置画笔。

◆ **Step 36**　画笔修饰图案。

◆ **Step 37**　使用钢笔绘制路径。

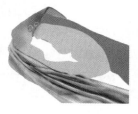

Step 38 设置羽化半径。

Step 39 设置加深工具。

Step 40 使用钢笔绘制路径。

Step 41 设置羽化半径。

Step 42 设置加深工具。

Step 43 加深修饰效果。

Step 44 绘制路径效果。

Step 45 设置羽化半径。

Step 46 设置加深工具。

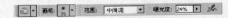

Step 47 加深修饰效果。

Step 48 使用钢笔绘制路径。

Step 49 设置羽化半径。

Step 50 设置加深工具。

Step 51 加深效果修饰。

Step 52 使用钢笔绘制路径效果。

● **Step 53**　设置羽化半径。

● **Step 54**　设置减淡工具。

● **Step 55**　减淡修饰后效果。

● **Step 56**　使用钢笔绘制路径。

● **Step 57**　设置羽化半径。

● **Step 58**　羽化后填充颜色效果。

● **Step 59**　修饰后效果。

● **Step 60**　使用钢笔绘制路径效果。

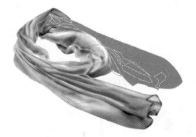

● **Step 61**　设置羽化半径。

● **Step 62**　设置加深工具。

● **Step 63**　加深修饰后得到效果。

● **Step 64**　最终效果。

● **Step 65**　添加素材得到最终效果。

3.8 褶皱面料丝巾绘制

 设计步骤

◆ **Step 1** 新建文件。

◆ **Step 2** 设置钢笔工具。

◆ **Step 3** 使用钢笔绘制路径。

◆ **Step 4** 设置羽化半径。

◆ **Step 5** 设置颜色，并填充颜色效果。

◆ **Step 6** 使用橡皮擦去除多余部分。

◆ **Step 7** 使用钢笔工具绘制路径效果。

◆ **Step 8** 设置羽化半径。

◆ **Step 9** 设置加深工具。

修饰后得到效果。

● **Step 10** 使用钢笔工具绘制路径。

● **Step 11** 设置加深工具。

使用加深工具修饰后效果。

● **Step 12** 设置加深工具。

修饰后得到效果。

● **Step 13** 使用钢笔工具绘制路径效果。

● **Step 14** 设置羽化半径。

● **Step 15** 调整色相/饱和度效果。

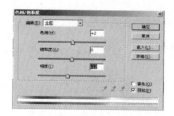

● **Step 16** 使用钢笔工具绘制路径，将路径转换为选区。

● **Step 17** 使用钢笔工具绘制路径效果。

● **Step 18** 设置羽化半径。

● **Step 19** 图层效果。

Step 20 设置颜色面板命令。

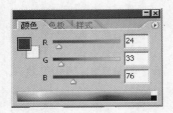

修饰后得到效果。

Step 21 使用钢笔工具绘制路径效果。

Step 22 设置羽化半径。

Step 23 设置多边形工具。

Step 24 使用多边形工具效果。

Step 25 设置羽化半径。

Step 26 设置加深工具。

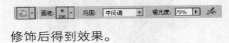

修饰后得到效果。

Step 27 设置多边形套索工具。

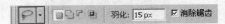

Step 28 选择滤镜－纹理－波浪命令。

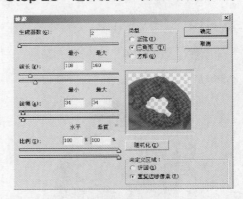

Step 29 使用钢笔工具绘制路径，将路径转换为选区。

● **Step 30** 设置减淡工具。

修饰后得到效果。

● **Step 31** 选择多边形套索工具。

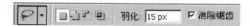

● **Step 32** 选择液化工具，修饰后得到效果。

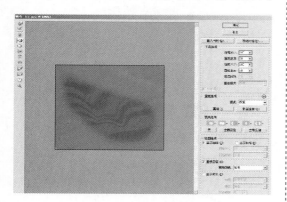

● **Step 33** 使用钢笔工具绘制路径。

● **Step 34** 设置加深工具。

修饰后得到效果。

● **Step 35** 使用钢笔工具绘制路径效果。

修饰后得到效果。

● **Step 36** 添加背景素材，得到最终效果。

3.9 彩色花纹图案腰带绘制

Step 1 新建文件。

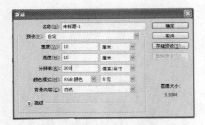

Step 2 设置钢笔工具。

Step 3 使用钢笔工具绘制路径。

Step 4 设置颜色并将路径转换为选区，填充颜色。

Step 5 设置图层样式－斜面和浮雕。

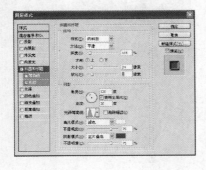

修饰后得到效果。

Step 6 使用钢笔工具绘制路径效果。

Step 7 设置羽化半径。

Step 8 设置加深工具。

Step 9 使用加深工具，修饰后得到效果。

Step 10 设置减淡工具。

● **Step 11**　使用减淡工具修饰后得到效果。

● **Step 12**　使用钢笔工具绘制路径。

● **Step 13**　设置加深工具。

● **Step 14**　使用加深工具，修饰后得到效果。

● **Step 15**　使用钢笔工具绘制路径得到效果。

● **Step 16**　将路径转换为选区并填充颜色。

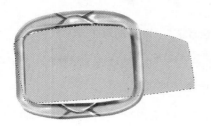

● **Step 17**　添加背景素材得到效果。

● **Step 18**　调整位置。

● **Step 19**　设置渐变工具。

● **Step 20**　设置图层样式。

修饰后得到效果。

● **Step 21**　使用钢笔工具绘制路径效果。

◈ **Step 22**　将路径转换为选区并填充颜色效果。

◈ **Step 23**　添加背景素材效果。

修饰后得到效果。

◈ **Step 24**　使用功能关闭绘制路径将路径转换为选区，填充颜色。

◈ **Step 25**　设置添加杂色命令。

修饰后得到效果。

◈ **Step 26**　设置模糊－高斯模糊命令。

修饰后得到效果。

◈ **Step 27**　设置加深工具。

设置减淡工具。

修饰后得到效果。

● **Step 28** 使用钢笔工具绘制路径。

● **Step 29** 将路径转换为选区，并填充颜色得到效果。

● **Step 30** 修饰后得到效果。

● **Step 31** 使用钢笔工具绘制路径得到效果。

● **Step 32** 使用钢笔工具绘制路径。

● **Step 33** 将路径转换为选区并填充颜色效果。

● **Step 34** 修饰后得到效果。

● **Step 35** 使用钢笔绘制路径。

● **Step 36** 填充图案效果。

● **Step 37**　修饰图案效果。

● **Step 38**　添加背景素材效果。

3.10　镶钻石腰带绘制

 设计步骤

● **Step 1**　新建文件。

● **Step 2**　设置钢笔。

● **Step 3**　绘制路径。

● **Step 4**　填充颜色。

● **Step 5**　设置图层样式。

● **Step 6**　修饰效果。

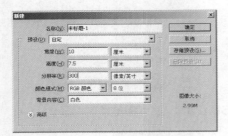

● **Step 7**　绘制路径。

● **Step 8**　转换选区。

◆ **Step 9**　设置减淡工具。

◆ **Step 10**　减淡效果。

◆ **Step 11**　绘制路径。

◆ **Step 12**　转换选区，填充颜色。

◆ **Step 13**　绘制路径。

◆ **Step 14**　转换选区。

◆ **Step 15**　设置减淡工具。

◆ **Step 16**　修饰效果。

◆ **Step 17**　设置加深工具。

◆ **Step 18**　设置减淡工具。

◆ **Step 19**　修饰效果。

◆ **Step 20**　绘制路径。

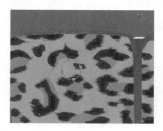

◆ **Step 21**　转换选区。

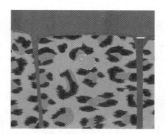

◆ **Step 22**　设置加深工具。

◆ **Step 23**　加深修饰。

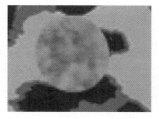

◆ **Step 24**　设置图层样式－投影。

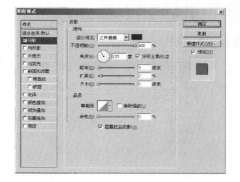

● **Step 25** 修饰效果。

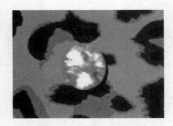

● **Step 26** 复制图层。

● **Step 27** 设置加深工具。

● **Step 28** 进一步修饰。

● **Step 29** 绘制路径。

● **Step 30** 绘制椭圆路径。

● **Step 31** 最终效果。

● **Step 32** 添加背景素材，得到最终效果。

3.11 珍珠装饰腰带绘制

 设计步骤

● **Step 1** 新建一个文件。

● **Step 2** 使用路径工具绘制圆形效果。

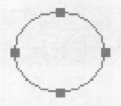

● **Step 3** 设置减淡工具。

Step 4　使用减淡工具修饰得到效果。

Step 5　使用钢笔绘制路径效果。

Step 6　设置前景色，填充前景色效果。

Step 7　设置图层样式–斜面和浮雕命令。

Step 8　得到效果。

Step 9　复制图层得到效果。

Step 10　使用钢笔绘制路径得到效果。

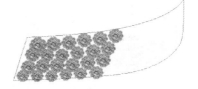

Step 11　设置颜色填充路径得到效果。

Step 12　复制图层得到效果。

Step 13　使用钢笔绘制路径得到效果。

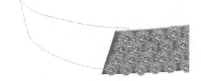

Step 14　设置前景色填充前景色。

Step 15　复制图层得到效果。

Step 16　使用钢笔绘制路径得到效果。

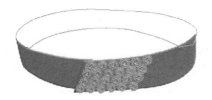

Step 17 设置前景色，填充颜色。

Step 18 设置减淡工具。

Step 19 修饰后效果。

Step 20 设置加深工具。

Step 21 修饰后效果。

Step 22 添加背景素材。

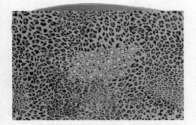

Step 23 设置图层样式。

Step 24 图层样式效果。

Step 25 进一步修饰后得到效果。

Step 26 设置图层样式－斜面和浮雕。

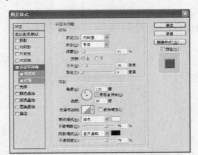

Step 27 设置加深工具。

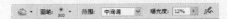

Step 28 修饰后得到效果。

Step 29 使用钢笔绘制路径。

Step 30 设置画笔工具。

Step 31 使用钢笔绘制路径。

● **Step 32**　设置样式面板。

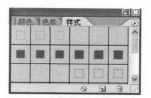

● **Step 33**　得到效果。

● **Step 34**　添加背景，最终效果。

3.12　条纹布包绘制

设计步骤

● **Step 1**　新建文件。

● **Step 2**　设置钢笔工具。

● **Step 3**　使用钢笔工具绘制路径。

● **Step 4**　设置羽化半径。

● **Step 5**　设置颜色，填充颜色。

● **Step 6**　添加素材，并将素材填充到图案中。

● **Step 7**　设置图案路径。

◈ **Step 8** 设置图案填充。

◈ **Step 9** 将图案填充效果。

◈ **Step 10** 得到效果。

◈ **Step 11** 图层效果。

◈ **Step 12** 使用滤镜－液化工具得到效果。

◈ **Step 13** 液化后得到效果。

◈ **Step 14** 使用钢笔工具绘制路径。

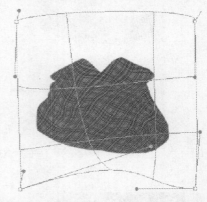

◈ **Step 15** 使用钢笔工具绘制路径。

◈ **Step 16** 设置加深工具。

◈ **Step 17** 设置加深工具。

修饰后得到效果。

◈ **Step 18** 设置减淡工具。

◆ **Step 19**　使用钢笔工具绘制路径。

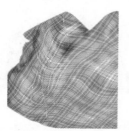

◆ **Step 20**　设置加深工具。

修饰后得到效果。

◆ **Step 21**　设置减淡工具。

修饰后得到效果。

◆ **Step 22**　进一步修饰的效果。

◆ **Step 23**　使用钢笔工具绘制路径得到效果。

◆ **Step 24**　设置颜色。

◆ **Step 25**　设置颜色，并填充颜色。

◆ **Step 26**　使用钢笔工具绘制路径得到效果。

修饰后得到效果。

◆ **Step 27**　设置减淡工具。

◆ **Step 28**　使用减淡工具修饰后得到效果。

◆ **Step 29**　设置加深工具。

修饰后得到效果。

◆ **Step 30**　使用钢笔工具绘制路径效果。

◆ **Step 31**　进一步修饰后得到效果。

◆ **Step 32**　设置加深工具。

修饰后得到效果。

◆ **Step 33**　进一步修饰得到效果。

◆ **Step 34**　使用钢笔工具绘制路径的效果。

◆ **Step 35**　设置图层样式斜面和浮雕。

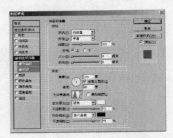

◆ **Step 36**　使用钢笔工具绘制路径得到效果。

◆ **Step 37**　设置颜色。

修饰后得到效果。

◆ **Step 38**　最终效果。

3.13 亮皮彩包绘制

设计步骤

● **Step 1** 新建文件。

● **Step 2** 设置钢笔。

● **Step 3** 绘制路径。

● **Step 4** 设置前景色。

● **Step 5** 将路径转换选区。

● **Step 6** 设置羽化半径。

填充颜色。

● **Step 7** 绘制路径。

● **Step 8** 设置羽化半径。

● **Step 9** 设置加深工具。

● **Step 10** 加深修饰。

● **Step 11** 绘制路径。

● **Step 12** 设置羽化半径。

● **Step 13** 设置减淡工具。

● **Step 14** 减淡修饰。

● **Step 15** 设置减淡工具。

● **Step 16** 减淡修饰。

● **Step 17** 绘制路径。

● **Step 18** 设置羽化半径。

● **Step 19** 设置减淡工具。

● **Step 20** 减淡修饰。

● **Step 21** 设置加深工具。

● **Step 22** 加深修饰。

● **Step 23** 绘制路径。

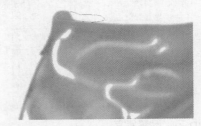

● **Step 24** 设置前景色。

● **Step 25** 填充颜色。

● **Step 26** 设置减淡工具。

● **Step 27** 修饰后得到效果。

● **Step 28** 绘制路径。

● **Step 29** 设置加深工具。

修饰效果。

● **Step 30** 修饰效果。

● **Step 31** 得到效果。

● **Step 32** 绘制路径。

● **Step 33** 填充黑色。

● **Step 34** 设置减淡工具。

● **Step 35** 减淡修饰。

● **Step 36** 绘制路径。

● **Step 37** 减淡修饰。

● **Step 38** 设置减淡工具。

减淡修饰。

● **Step 39**　设置加深工具。

加深修饰。

● **Step 40**　绘制路径。

● **Step 41**　设置样式。

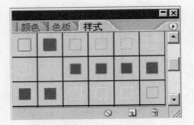

● **Step 42**　得到效果。

● **Step 43**　最终效果。

第 **4** 章

鞋靴与帽子的绘制

Chapter 4

4.1 亮皮短靴绘制

设计步骤

Step 1 新建文件。

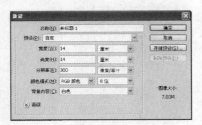

Step 2 设置钢笔。

Step 3 绘制路径。

Step 4 填充颜色。

Step 5 绘制路径。

Step 6 填充颜色。

Step 7 绘制路径。

Step 8 复制图层。

Step 9 设置图层样式 – 斜面和浮雕。

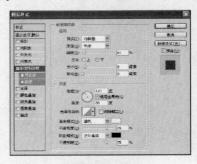

Step 10 设置效果。

◈ **Step 11** 绘制路径。

◈ **Step 12** 复制图层。

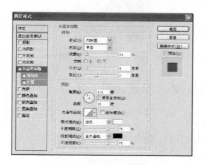

◈ **Step 13** 设置图层样式 – 斜面和浮雕。

◈ **Step 14** 修饰结果。

◈ **Step 15** 绘制路径。

◈ **Step 16** 填充颜色。

◈ **Step 17** 绘制路径。

◈ **Step 18** 填充颜色。

◈ **Step 19** 设置图层样式 – 斜面和浮雕。

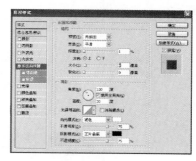

◈ **Step 20** 修饰效果。

● **Step 21**　设置液化－纹理化。

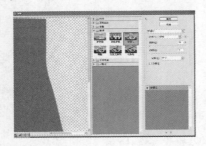

● **Step 22**　修饰效果。

● **Step 23**　设置天幻画笔。

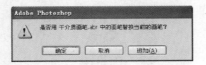

● **Step 24**　设置加深工具。

● **Step 25**　修饰效果。

● **Step 26**　进一步修饰。

● **Step 27**　绘制路径。

● **Step 28**　设置减淡工具。

● **Step 29**　修饰效果。

● **Step 30**　设置加深工具。

● **Step 31**　修饰鞋子效果。

● **Step 32**　设置减淡工具。

● **Step 33**　修饰鞋子效果。

● **Step 34**　设置减淡工具。

● **Step 35**　修饰鞋子效果。

● **Step 36**　绘制路径。

● **Step 37**　设置羽化半径。

● **Step 38**　设置减淡工具。

● **Step 39**　修饰效果。

● **Step 40**　设置减淡工具。

● **Step 41**　减淡修饰。

● **Step 42**　绘制路径。

● **Step 43**　设置羽化半径。

● **Step 44**　设置减淡工具。

● **Step 45**　修饰减淡。

● **Step 46**　绘制路径。

● **Step 47**　设置减淡工具。

Step 48 修饰鞋子。

Step 49 设置加深工具。

Step 50 修饰效果。

Step 51 绘制路径。

Step 52 设置加深工具。

Step 53 修饰后效果。

Step 54 设置减淡工具。

Step 55 修饰效果。

Step 56 绘制路径。

Step 57 绘制路径。

Step 58 填充颜色。

◆ **Step 59** 设置图层样式–斜面和浮雕。

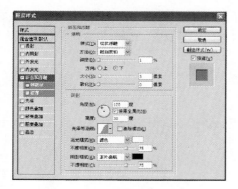

◆ **Step 60** 修饰后效果。

◆ **Step 61** 进一步修饰后效果。

◆ **Step 62** 整体效果。

◆ **Step 63** 绘制路径。

◆ **Step 64** 修饰效果。

◆ **Step 65** 设置样式。

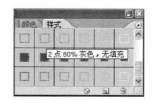

◆ **Step 66** 最终效果。

◆ **Step 67** 添加背景素材。

4.2 平底羊皮靴绘制

 设计步骤

● **Step 1** 新建文件。

● **Step 2** 设置钢笔。

● **Step 3** 绘制路径。

● **Step 4** 转换路径，填充颜色。

● **Step 5** 绘制路径。

● **Step 6** 将路径转换选区，填充颜色。

● **Step 7** 设置图层样式－斜面和浮雕。

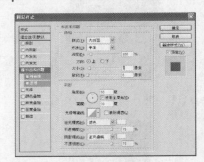

● **Step 8** 设置后效果。

● **Step 9** 绘制路径。

● **Step 10**　设置图层样式－斜面和浮雕。

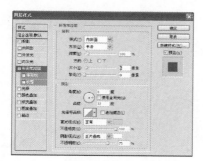

● **Step 11**　修饰后效果。

● **Step 12**　绘制路径。

● **Step 13**　转换为选区填充颜色。

● **Step 14**　绘制路径。

● **Step 15**　转换为选区填充颜色。

● **Step 16**　设置图层样式－斜面和浮雕。

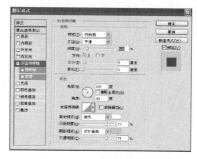

● **Step 17**　设置后效果。

● **Step 18**　绘制路径。

● **Step 19**　修饰后效果。

◆ **Step 20** 绘制路径。

◆ **Step 21** 描边路径。

◆ **Step 22** 描边路径。

◆ **Step 23** 设置图层样式－斜面和浮雕。

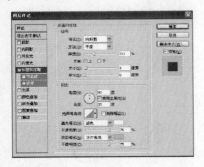

◆ **Step 24** 修饰后效果。

◆ **Step 25** 设置图层样式－斜面和浮雕。

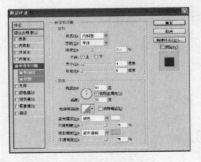

◆ **Step 26** 修饰后得到效果。

◆ **Step 27** 设置加深工具。

◆ **Step 28** 修饰后效果。

◆ **Step 29** 设置加深工具。

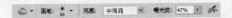

◆ **Step 30** 加深修饰。

● **Step 31**　设置减淡工具。

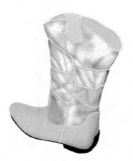

● **Step 32**　减淡修饰。

● **Step 33**　修饰后效果。

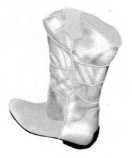

● **Step 34**　设置加深工具。

● **Step 35**　修饰后效果。

● **Step 36**　进一步修饰后效果。

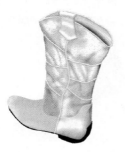

● **Step 37**　进一步修饰后效果。

● **Step 38**　绘制路径。

● **Step 39**　描边路径。

● **Step 40**　设置样式。

● **Step 41**　修饰效果。

● **Step 42** 图层效果。

● **Step 43** 修饰效果。

● **Step 44** 修饰效果。

● **Step 45** 添加背景素材。

4.3　鹿皮高跟鞋绘制

 设计步骤

● **Step 1** 新建文件。

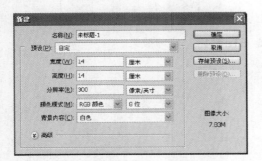

● **Step 2** 设置钢笔。

● **Step 3** 绘制路径。

● **Step 4** 转换选区，填充颜色。

● **Step 5**　绘制路径。

● **Step 6**　转换选区。

● **Step 7**　绘制路径。

● **Step 8**　转换选区。

● **Step 9**　绘制路径。

● **Step 10**　转换为选区。

● **Step 11**　绘制路径。

● **Step 12**　填充颜色。

● **Step 13**　追加画笔。

● **Step 14**　设置加深工具。

● **Step 15**　填充颜色。

● **Step 16**　设置加深工具。

● **Step 17**　修饰鞋子。

● **Step 18**　设置减淡工具。

Step 19 减淡修饰。

Step 20 设置减淡工具。

Step 21 设置图层样式－斜面和浮雕。

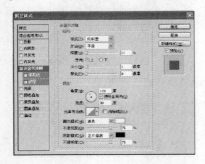

Step 22 转换选区，填充颜色。

Step 23 修饰图案。

Step 24 选择－反向。

选择(S)	滤镜(T)	视图(V)	窗口(W
全部(A)			Ctrl+A
取消选择(D)			Ctrl+D
重新选择(E)			Shift+Ctrl+D
反向(I)			Shift+Ctrl+I

Step 25 设置减淡工具。

Step 26 修饰图案。

Step 27 修饰图案。

Step 28 使用钢笔绘制路径。

Step 29 绘制路径。

Step 30 设置减淡工具。

Step 31 修饰鞋子。

Step 32 设置加深工具。

● **Step 33** 修饰鞋子。

● **Step 34** 进一步修饰。

● **Step 35** 修饰效果。

● **Step 36** 绘制路径。

● **Step 37** 设置图层样式－斜面和浮雕。

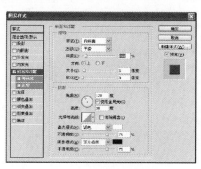

● **Step 38** 修饰效果。

● **Step 39** 进一步修饰。

● **Step 40** 使用钢笔绘制路径。

● **Step 41** 设置减淡工具。

● **Step 42** 描边路径。

● **Step 43** 设置加深工具。

Step 44 加深修饰。

Step 45 设置减淡工具。

Step 46 减淡修饰。

Step 47 绘制路径。

Step 48 进一步修饰。

Step 49 绘制路径。

Step 50 修饰后效果。

Step 51 设置样式。

Step 52 修饰效果。

Step 53 添加背景素材。

4.4　系带高跟鞋绘制

设计步骤

● **Step 1**　新建文件。

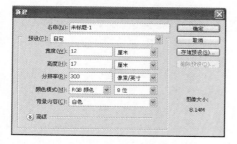

● **Step 2**　设置钢笔。

● **Step 3**　绘制路径。

● **Step 4**　转换选区，填充颜色。

● **Step 5**　绘制路径。

● **Step 6**　转换选区，填充颜色。

● **Step 7**　绘制路径。

● **Step 8**　转换选区，填充颜色。

Step 9　绘制路径。

Step 10　设置画笔。

Step 11　描边路径。

Step 12　转换选区。

Step 13　加深修饰。

Step 14　设置描边。

Step 15　描边效果。

Step 16　图层样式－斜面和浮雕。

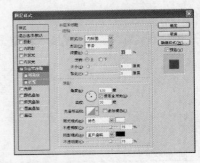

Step 17　描边路径。

Step 18　描边路径。

Step 19　设置羽化半径。

Step 20　设置减淡工具。

Step 21　减淡修饰。

Step 22　绘制路径。

Step 23　转换为选区。

Step 24　设置图层样式－斜面和浮雕。

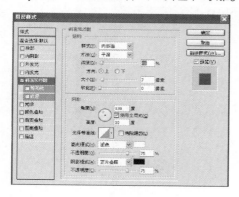

Step 25　修饰效果。

Step 26　设置加深工具。

Step 27　加深修饰。

Step 28　设置减淡工具。

Step 29　减淡修饰。

Step 30　设置加深工具。

Step 31　加深修饰。

● **Step 32**　设置减淡工具。

● **Step 33**　减淡修饰。

● **Step 34**　设置加深工具。

● **Step 35**　修饰效果。

● **Step 36**　设置减淡工具。

● **Step 37**　减淡修饰。

● **Step 38**　设置图层样式－描边。

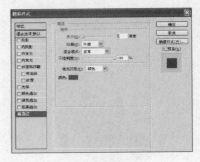

● **Step 39**　绘制圆形路径。

● **Step 40**　填充颜色。

● **Step 41**　设置图层样式－投影效果。

● **Step 42**　绘制图案。

Step 43　绘制路径。

Step 44　进一步绘制路径。

Step 45　排列图案。

Step 46　加深修饰。

Step 47　加深修饰。

Step 48　加深修饰。

Step 49　修饰效果。

Step 50　整体效果。

Step 51　绘制路径。

● **Step 52** 添加画笔样式。

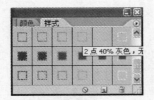

● **Step 53** 设置效果。

● **Step 54** 添加背景素材。

4.5 新款雪地靴绘制

 设计步骤

● **Step 1** 新建文件。

● **Step 2** 设置钢笔。

● **Step 3** 绘制路径。

● **Step 4** 转换选区，填充颜色。

● **Step 5** 绘制路径。

Step 6 转换选区，填充颜色。

Step 7 绘制路径。

Step 8 转换为选区，填充前景色。

Step 9 绘制路径。

Step 10 转换为选区填充颜色。

Step 11 绘制图案。

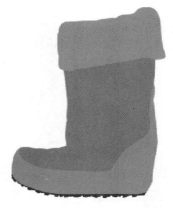

Step 12 设置图层样式－斜面和浮雕。

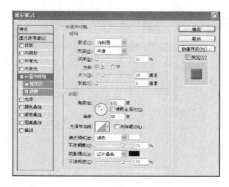

Step 13 设置图层样式－纹理。

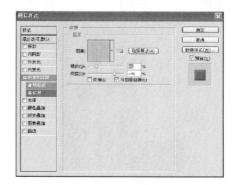

Step 14 设置效果。

Step 15 绘制路径。

Step 16 复制图层。

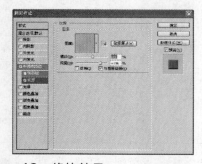

Step 17 设置图层样式 – 纹理。

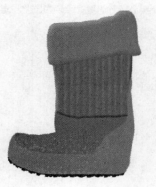

Step 18 修饰效果。

Step 19 绘制路径。

Step 20 复制图层。

Step 21 设置图层样式 – 斜面和浮雕。

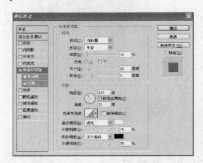

Step 22 设置后效果。

Step 23 绘制路径。

Step 24 描边路径。

Step 25 描边路径。

Step 26 设置图层样式 – 图案叠加。

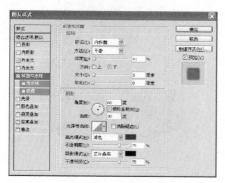

Step 27 设置图层样式 – 外发光。

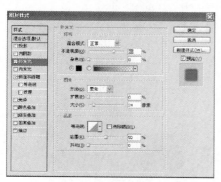

Step 28 修饰后得到效果。

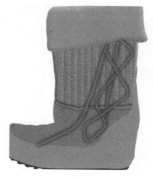

Step 29 进一步修饰。

Step 30 绘制路径。

Step 31 描边路径。

◆ **Step 32** 设置图层样式－斜面和浮雕。

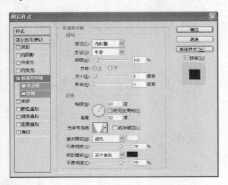

◆ **Step 33** 设置后效果。

◆ **Step 34** 进一步修饰。

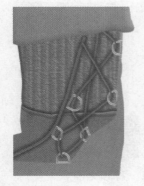

◆ **Step 35** 绘制路径。

◆ **Step 36** 设置羽化半径。

◆ **Step 37** 设置加深工具。

◆ **Step 38** 加深修饰。

◆ **Step 39** 设置加深工具。

◆ **Step 40** 加深修饰。

◆ **Step 41** 设置减淡工具。

◆ **Step 42** 减淡修饰。

◆ **Step 43**　绘制路径。

◆ **Step 44**　设置加深工具。

◆ **Step 45**　加深修饰。

◆ **Step 46**　进一步修饰。

◆ **Step 47**　设置图层样式－斜面和浮雕。

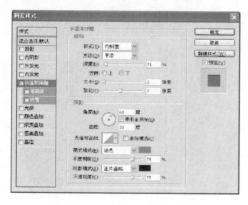

◆ **Step 48**　设置后效果。

◆ **Step 49**　设置减淡工具。

◆ **Step 50**　减淡修饰。

◆ **Step 51**　绘制路径。

◆ **Step 52**　复制图层。

◆ **Step 53**　填充颜色。

◆ **Step 54**　绘制路径。

◆ **Step 55**　描边路径。

◆ **Step 56**　继续描边修饰。

◆ **Step 57**　设置减淡工具。

◆ **Step 58**　减淡修饰。

◆ **Step 59**　绘制椭圆并修饰。

◆ **Step 60**　添加背景素材，得到最终效果。

4.6　贵妇人礼帽绘制

 设计步骤

● **Step 1**　新建文件。

● **Step 2**　设置钢笔。

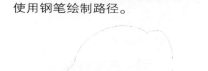

使用钢笔绘制路径。

● **Step 3**　设置羽化半径。

设置颜色。

● **Step 4**　设置添加杂色。

修饰后得到效果。

● **Step 5**　设置模糊－高斯模糊。

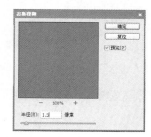

修饰后得到效果。

● **Step 6**　使用钢笔绘制路径。

● **Step 7**　将路径转换为选区，设置羽化半径。

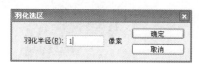

● **Step 8** 填充颜色。

● **Step 9** 使用钢笔绘制路径。

● **Step 10** 设置羽化半径。

● **Step 11** 设置减淡工具。

● **Step 12** 修饰后得到效果。

● **Step 13** 修饰后得到效果。

● **Step 14** 设置羽化半径。

● **Step 15** 修饰后的效果。

● **Step 16** 修饰后得到效果。

● **Step 17** 使用钢笔绘制路径。

● **Step 18** 设置羽化半径。

Step 19 填充颜色。

Step 20 设置减淡工具。

Step 21 修饰后得到效果。

Step 22 进一步修饰后得到效果。

Step 23 设置减淡工具。

修饰后得到效果。

Step 24 进一步与修饰后的效果。

Step 25 使用钢笔绘制路径。

Step 26 设置减淡工具。

设置加深工具。

Step 27 修饰后的导向 iaoguo。

Step 28 添加背景素材最终效果。

4.7 时尚休闲帽绘制

 设计步骤

● **Step 1** 新建一个文件。

● **Step 2** 设置钢笔。

● **Step 3** 使用钢笔绘制路径。

● **Step 4** 设置羽化半径。

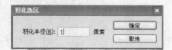

● **Step 5** 设置颜色，填充颜色效果。

● **Step 6** 使用钢笔绘制路径。

● **Step 7** 设置羽化半径。

● **Step 8** 设置减淡工具。

修饰帽子得到效果。

● **Step 9** 设置减淡工具。

修饰后得到效果。

● **Step 10** 设置减淡工具。

修饰后得到效果。

● **Step 11**　使用钢笔绘制路径。

● **Step 12**　设置画笔。

● **Step 13**　描边路径效果。

● **Step 14**　设置样式。

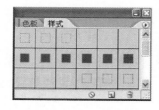

修饰后得到效果。

● **Step 15**　使用钢笔绘制路径。

● **Step 16**　填充颜色效果。

● **Step 17**　设置图层样式－斜面和浮雕。

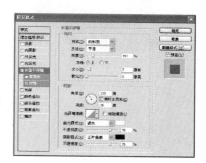

修饰后得到效果。

● **Step 18**　进一步修饰得到效果。

● **Step 19**　设置加深工具。

修饰后得到效果。

◆ **Step 20** 设置减淡工具。

修饰后得到效果。

◆ **Step 21** 进一步修饰得到效果。

◆ **Step 22** 添加背景素材得到效果。

4.8 豹点宽檐帽绘制

 设计步骤

◆ **Step 1** 新建一个文件。

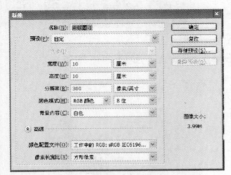

◆ **Step 2** 设置钢笔。

使用钢笔绘制路径。

◆ **Step 3** 设置羽化半径。

◆ **Step 4** 设置颜色，并填充颜色。

● **Step 5** 设置颜色，使用钢笔绘制路径并填充。

● **Step 6** 使用钢笔绘制路径。

● **Step 7** 设置羽化半径。

● **Step 8** 设置颜色并填充。

● **Step 9** 设置扩展选区。

● **Step 10** 描边路径效果。

● **Step 11** 设置动感模糊。

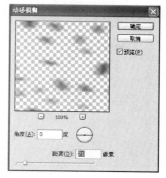

修饰后的效果。

● **Step 12** 选择添加杂色命令，修饰后的导向。

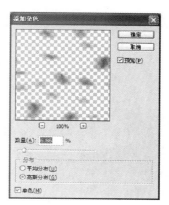

● **Step 13** 设置添加杂色。

Step 14　设置高斯模糊。

Step 15　修饰后得到效果。

Step 16　设置减淡工具。

修饰后得到效果。

Step 17　设置加深工具。

修饰后得到效果。

Step 18　设置减淡工具。

修饰后得到效果。

Step 19　使用钢笔绘制路径。

Step 20　设置颜色，描边路径。

Step 21　设置样式。

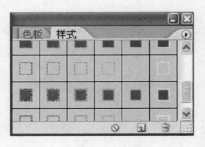

● **Step 22**　修饰后得到效果。

● **Step 23**　使用钢笔绘制路径。

● **Step 24**　添加样式命令效果。

● **Step 25**　添加背景素材得到最终效果。

第 **5** 章

青春动感女装绘制

Chapter 5

5.1 短裙夹克套装绘制

● **Step 1** 新建一个文件。

● **Step 2** 设置钢笔工具。

● **Step 3** 新建一个"图层1",绘制路径。

● **Step 4** 设置画笔工具,设置前景色为黑色。

● **Step 5** 设置描边路径,得到描边效果。

● **Step 6** 单击创建图层组"组1",新建一个"图层2",将图层组"组1"放置在图层1之下。

● **Step 7** 设置前景色。

选择钢笔工具绘制路径,将路径转换为选区并填充效果。

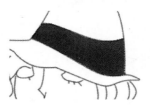

● **Step 8** 设置减淡工具。

修饰后得到的效果。

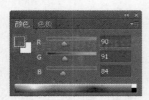

● **Step 9** 设置前景色。

钢笔工具绘制路径，将路径转换为选区并填充。

● **Step 10** 设置前景色为白色，在工具箱中选择画笔工具。

修饰后得到效果。

● **Step 11** 设置加深工具。

修饰后得到效果。

● **Step 12** 设置前景色。

选择钢笔工具绘制路径，将路径转换为选区并填充。

● **Step 13** 设置减淡工具。

修饰后得到的效果。

● **Step 14**　设置前景色。

选择钢笔工具绘制路径，将路径转换为选区并填充。

● **Step 15**　设置减淡工具。

修饰后得到效果。

设置前景色。

修饰后得到效果。

● **Step 16**　新建一个图层，设置前景色。

使用钢笔工具绘制路径，将路径转换为选区并填充。

● **Step 17**　设置前景色。

使用钢笔工具绘制路径，将路径转换为选区并填充。

设置图层样式 – 图案叠加。

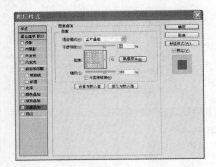

修饰后得到效果。

设置加深工具。

修饰后得到效果。

⬡ **Step 18** 设置前景色。

使用钢笔工具绘制路径，将路径转换为选区并填充。

设置减淡工具。

设置加深工具。

修饰后得到效果。

⬡ **Step 19** 设置前景色。

使用钢笔工具绘制路径，将路径转换为选区并填充。

设置减淡工具。

设置加深工具。

修饰后得到效果。

对鞋子进行涂抹，得到效果。

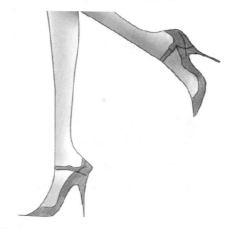

⬡ **Step 20**　设置前景色。

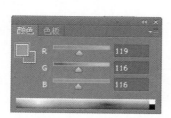

使用钢笔工具绘制路径，将路径转换为选区并填充。

设置前景色为白色，在工具箱中选择画笔工具。

⬡ **Step 21**　添加背景素材，得到最终效果。

5.2　开衫短裤绘制

设计步骤

Step 1　新建一个文件。

Step 2　设置钢笔。

Step 3　使用钢笔工具绘制路径。

Step 4　设置画笔。

Step 5　描边路径效果。

Step 6　设置画笔。

Step 7　绘制头发效果。

Step 8　设置画笔。

Step 9 绘制皮肤效果。

Step 10 设置橡皮擦工具。

Step 11 去除多余部分。

Step 12 设置画笔工具。

Step 13 绘制外套效果。

Step 14 绘制靴子效果。

Step 15 设置减淡工具。

◈ **Step 16** 设置加深工具。

◈ **Step 17** 修饰后得到的效果。

◈ **Step 18** 设置减淡工具。

◈ **Step 19** 修饰皮肤得到效果。

◈ **Step 20** 设置加深工具。

◈ **Step 21** 修饰皮肤得到效果。

◈ **Step 22** 设置羽化半径。

◈ **Step 23** 设置减淡工具。

◈ **Step 24** 修饰后得到效果。

Step 25 修饰鞋子得到的效果。

Step 26 设置减淡工具。

Step 27 对鞋子加深修饰效果。

Step 28 设置加深工具。

Step 29 修饰鞋子。

Step 30 最终效果。

Step 31 添加背景素材。

5.3 短衫宽松裤绘制

设计步骤

Step 1 新建文件。

Step 2 设置钢笔。

Step 3 使用钢笔工具绘制路径。

Step 4 设置画笔。

Step 5 使用画笔描边路径。

Step 6 设置画笔。

Step 7 设置前景色，使用画笔绘制头发。

● **Step 8** 设置减淡效果。

● **Step 9** 设置画笔。

● **Step 10** 设置前景色，使用画笔绘制眼镜。

● **Step 11** 设置橡皮擦工具。

● **Step 12** 设置前景色，使用画笔绘制皮肤效果。

● **Step 13** 使用画笔绘制短裤。

● **Step 14** 修饰脸部皮肤。

● **Step 15** 使用钢笔绘制嘴唇。

● **Step 16** 设置加深工具。

● **Step 17** 修饰嘴唇。

● **Step 18** 设置减淡工具。

◆ **Step 19** 修饰后得到效果。

◆ **Step 20** 进一步进行修饰。

◆ **Step 21** 设置加深工具。

◆ **Step 22** 对皮肤进行加深修饰。

◆ **Step 23** 设置加深工具。

◆ **Step 24** 修饰后得到效果。

◆ **Step 25** 使用减淡进行修饰。

◆ **Step 26** 设置减淡工具。

修饰后得到效果。

Step 27 设置前景色，使用画笔绘制腰带和鞋子并进行修饰。

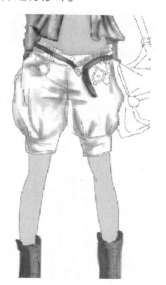

Step 28 设置加深工具。

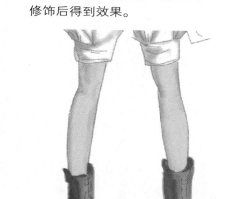

修饰后得到效果。

Step 29 使用画笔绘制腿部并进行修饰。

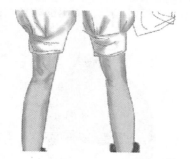

Step 30 设置前景色，使用画笔工具绘制兜子。

Step 31 去除多余部分，并进行修饰，得到整体效果。

Step 32 添加背景素材得到效果。

5.4 短衣吊带裙两件套绘制

设计步骤

● **Step 1** 新建一个文件。

● **Step 2** 设置钢笔。

● **Step 3** 使用钢笔绘制路径得到效果。

● **Step 4** 设置画笔。

● **Step 5** 使用画笔工具描边路径得到效果。

● **Step 6** 设置画笔工具。

● **Step 7** 设置颜色，使用钢笔绘制图案得到效果。

● **Step 8** 使用画笔绘制皮肤得到效果。

● **Step 9** 设置减淡工具。

● **Step 10** 使用减淡工具修饰后得到效果。

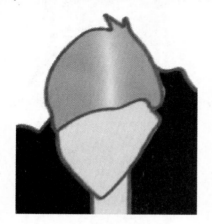

● **Step 11** 设置减淡工具。

● **Step 12** 修饰后得到效果。

● **Step 13** 使用钢笔绘制路径将路径转换选区填充颜色得到效果。

● **Step 14** 设置加深工具。

● **Step 15** 修饰后得到效果。

● **Step 16** 使用钢笔绘制路径效果。

◆ **Step 17**　使用钢笔绘制路径效果。

◆ **Step 18**　设置前景色并填充颜色效果。

◆ **Step 19**　使用钢笔绘制路径。

◆ **Step 20**　设置前景色填充颜色效果。

◆ **Step 21**　使用钢笔绘制路径效果如图将路径转换为选区填充颜色。

◆ **Step 22**　填充前景色。

◆ **Step 23**　使用减淡工具修饰后效果。

● **Step 24** 使用钢笔绘制路径得到效果。

● **Step 25** 使用画笔修饰腿部效果。

● **Step 26** 使用画笔绘制鞋子效果。

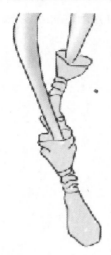

● **Step 27** 设置减淡工具。

● **Step 28** 使用减淡工具修饰后得到效果。

● **Step 29** 设置加深工具。

● **Step 30** 设置加深工具效果。

● **Step 31** 添加背景素材，得到最终效果。

5.5 短裙马甲绘制

Step 1 新建一个文件。

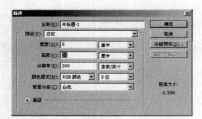

Step 2 设置钢笔。

Step 3 使用钢笔绘制路径效果。

Step 4 使用画笔描边绘制五官效果。

Step 5 设置画笔。

Step 6 使用画笔描边路径效果。

● **Step 7**　设置画笔。

● **Step 8**　使用画笔工具绘制头发效果。

● **Step 9**　使用橡皮擦工具去除多余部分效果。

● **Step 10**　设置颜色使用画笔工具绘制图案效果。

● **Step 11**　设置减淡工具。

● **Step 12**　使用减淡工具修饰得到效果。

● **Step 13**　使用画笔工具绘制皮肤效果。

● **Step 14**　设置前景色，使用画笔绘制一幅效果。

● **Step 15**　设置前景色，使用前景色效果。

● **Step 16**　设置前景色，使用画笔工具绘制鞋子效果。

● **Step 17**　使用橡皮擦工具去除多余部分效果。

● **Step 18**　设置加深工具。

● **Step 19**　使用橡皮擦工具去除多余部分效果。

● **Step 20**　设置减淡工具。

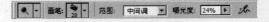

● **Step 21**　使用减淡工具修饰后得到效果。

Step 22 设置前景色，使用画笔工具绘制效果。

Step 23 设置减淡工具，使用减淡工具修饰得到效果。

Step 24 使用画笔工具绘制拉链效果。

Step 25 得到最终效果。

Step 26 添加背景素材，得到最终效果。

5.6 短衫紧身裤绘制

设计步骤

● **Step 1** 新建文件。

● **Step 2** 设置钢笔。

● **Step 3** 绘制路径。

● **Step 4** 设置画笔。

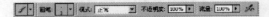

● **Step 5** 使用画笔描边路径。

● **Step 6** 设置前景色。

● **Step 7** 填充前景色。

● **Step 8** 设置橡皮擦工具。

● **Step 9** 去除多余部分。

● **Step 10** 设置前景色。

● **Step 11** 填充前景色。

● **Step 12** 设置减淡工具。

● **Step 13** 使用减淡修饰得到效果。

Step 14 使用画笔绘制图案。

Step 15 设置画笔。

Step 16 使用画笔绘制皮肤。

Step 17 设置加深工具。

Step 18 使用加深修饰。

Step 19 设置画笔。

Step 20 修饰后得到全身效果。

Step 21 设置减淡工具。

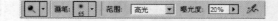

◆ **Step 22**　修饰后效果。

◆ **Step 25**　添加背景素材。

◆ **Step 23**　使用画笔绘制路径。

◆ **Step 26**　最终效果。

◆ **Step 24**　设置画笔。

5.7 休闲牛仔面料绘制

Step 1 新建文件。

Step 2 设置钢笔。

Step 3 使用钢笔绘制路径。

Step 4 设置画笔。

Step 5 使用画笔工具描边。

Step 6 设置前景色，绘制帽子。

Step 7 设置前景色，使用画笔绘制肌肤。

Step 8 设置前景色，使用画笔绘制衣服。

Step 9 设置前景色。

Step 10 使用前景色绘制衣服。

Step 11 使用橡皮擦去除多余部分。

Step 12 设置前景色。

Step 13 设置加深工具。

Step 14 使用加深工具修饰帽子。

Step 15 设置加深工具。

Step 16 使用加深修饰。

Step 17 设置加深工具。

● **Step 18**　使用加深工具修饰。

● **Step 19**　设置加深工具。

● **Step 20**　使用加深工具修饰效果。

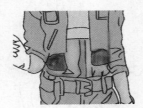

● **Step 21**　设置加深工具。

● **Step 22**　使用加深工具修饰效果。

● **Step 23**　设置减淡工具。

● **Step 24**　使用减淡工具。

● **Step 25**　设置加深工具。

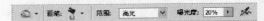

● **Step 26**　使用加深工具修饰效果。

● **Step 27**　设置前景色。

● **Step 28**　使用加深工具修饰效果。

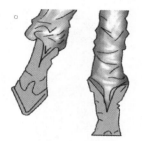

● **Step 29**　设置减淡工具。

● **Step 30**　修饰后效果。

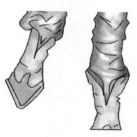

● **Step 31**　设置加深工具。

● **Step 32**　加深工具修饰后效果。

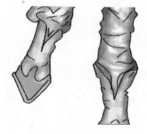

● **Step 33**　设置减淡工具。

● **Step 34**　使用减淡修饰后效果。

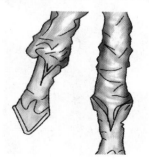

● **Step 35**　进一步绘制效果。

● **Step 36**　设置前景色效果。

● **Step 37**　修饰后得到效果。

● **Step 38**　修饰后得到效果。

● **Step 39**　绘制头发的效果。

● **Step 40**　设置画笔。

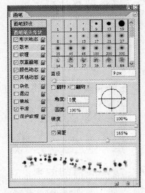

● **Step 41**　设置笔刷。

● **Step 42**　设置笔刷。

● **Step 43**　最终效果。

● **Step 44**　添加背景素材得到效果。

5.8　短衫散边裤绘制

 设计步骤

● **Step 1**　新建一个文件。

● **Step 2**　设置钢笔。

使用钢笔工具绘制路径。

● **Step 3**　设置画笔。

使用画笔工具描边。

● **Step 4**　设置颜色使用画笔工具绘制皮肤。

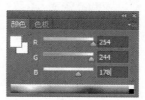

● **Step 5**　设置减淡工具。

修饰皮肤效果。

● **Step 6**　设置画笔。

绘制图案。

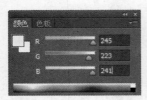

● **Step 7**　设置颜色。

● **Step 8**　设置颜色。

● **Step 9**　绘制图案。

● **Step 10**　设置减淡工具。

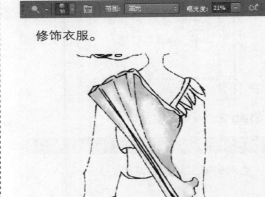

修饰衣服。

● **Step 11**　绘制头发。

● **Step 12**　设置颜色，使用画笔工具绘制裤子。

● **Step 13**　设置画笔。

● **Step 14**　绘制图案。

绘制裙子。

● **Step 15**　设置减淡工具。

修饰图案。

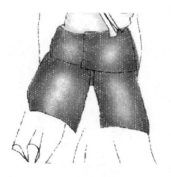

● **Step 18**　使用画笔绘制皮肤。

● **Step 16**　设置加深工具。

修饰图案。

● **Step 19**　设置减淡工具。

修饰图案。

● **Step 17**　设置画笔。

◆ **Step 20** 设置画笔。

绘制图案。

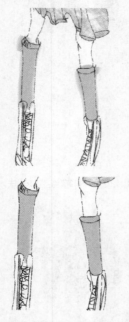

◆ **Step 21** 设置减淡工具。

修饰图案。

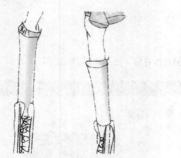

◆ **Step 22** 绘制鞋子。

◆ **Step 23** 设置减淡工具。

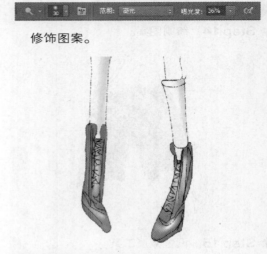

修饰图案。

◆ **Step 24** 设置加深工具。

修饰图案。

◆ **Step 25** 设置画笔工具。

绘制图案。

● **Step 26**　最终效果。

● **Step 27**　添加背景层效果。

5.9　短衫七分裤绘制

设计步骤

● **Step 1**　新建文件。

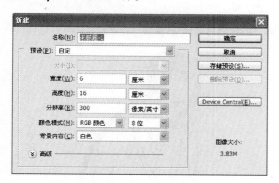

● **Step 2**　使用钢笔绘制路径。

◆ **Step 3**　设置画笔。

◆ **Step 9**　修饰效果。

◆ **Step 4**　使用画笔描边路径。

◆ **Step 10**　绘制头发。

◆ **Step 5**　设置画笔。

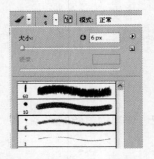

◆ **Step 11**　去除多余。

◆ **Step 6**　设置前景色，填充颜色。

◆ **Step 7**　设置加深工具。

◆ **Step 12**　设置减淡工具。

◆ **Step 13**　修饰头发。

◆ **Step 8**　设置减淡工具。

Step 14 绘制皮肤。

Step 15 设置加深工具。

Step 16 修饰皮肤。

Step 17 设置减淡工具。

Step 18 修饰皮肤。

Step 19 设置前景色，填充颜色。

Step 20 添加素材。

Step 21 调整位置。

Step 22 设置减淡工具。

◆ **Step 23** 修饰图案。

◆ **Step 24** 设置图层样式－图案叠加。

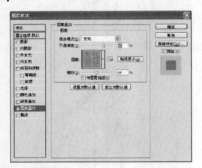

◆ **Step 25** 绘制短裤。

◆ **Step 26** 减淡修饰。

◆ **Step 27** 绘制短裤。

◆ **Step 28** 添加素材。

◆ **Step 29** 去除多余。

◆ **Step 30** 设置加深工具。

◆ **Step 31** 设置减淡工具。

◆ **Step 32** 修饰裤子。

● **Step 33** 绘制皮肤。

● **Step 34** 设置画笔。

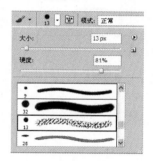

● **Step 35** 添加图层样式。

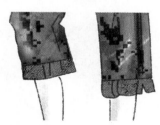

● **Step 36** 绘制鞋子。

● **Step 37** 设置加深工具。

● **Step 38** 设置减淡工具。

● **Step 39** 修饰鞋子。

● **Step 40** 最终效果。

● **Step 41** 添加素材。

5.10 吊带背心和短裙绘制

Step 1 新建文件。

Step 2 设置钢笔。

Step 3 绘制路径。

Step 4 设置画笔。

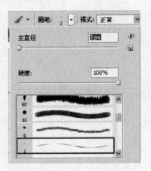

Step 5 描边路径。

Step 6 设置画笔。

● **Step 7** 绘制头发。

● **Step 8** 去除多余。

● **Step 9** 设置减淡工具。

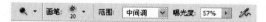

● **Step 10** 修饰头发。

● **Step 11** 设置加深工具。

● **Step 12** 修饰头发。

● **Step 13** 绘制皮肤。

● **Step 14** 去除多余的部分。

● **Step 15** 修饰皮肤。

● **Step 16** 设置加深工具。

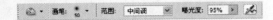

● **Step 17** 修饰皮肤。

● **Step 18** 设置画笔。

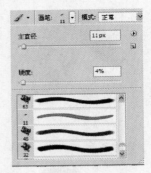

● **Step 19** 绘制效果。

● **Step 20** 设置橡皮擦工具。

● **Step 21** 修饰效果。

● **Step 22** 设置减淡工具。

● **Step 23** 修饰效果。

● **Step 24** 进一步修饰。

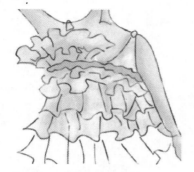

● **Step 25** 设置加深工具。

● **Step 26** 修饰效果。

● **Step 27** 绘制效果。

● **Step 28** 绘制皮肤。

● **Step 29** 修饰皮肤。

● **Step 30**　进一步修饰。

● **Step 31**　修饰裙子。

● **Step 32**　绘制耳环。

● **Step 33**　最终效果。

● **Step 34**　添加背景层得到最终效果。

5.11 短衫一步裙绘制

 设计步骤

Step 1 新建文件。

Step 2 使用钢笔绘制路径。

Step 3 设置画笔。

Step 4 使用画笔描边路径。

Step 5 设置画笔。

Step 6 使用画笔绘制头发。

Step 7　设置橡皮擦工具。

Step 8　去除多余部分效果。

Step 11　设置减淡工具。

修饰后得到效果。

Step 9　使用钢笔绘制路径。

Step 12　设置颜色，使用钢笔绘制路径，将路径转换为选区，填充颜色。

Step 10　设置羽化半径。

去除多余部分。

Step 13　设置减淡工具。

修饰皮肤效果。

● **Step 14** 使用钢笔绘制路径，将路径转换为选区，填充黑色。

● **Step 15** 设置图层样式－图案叠加。

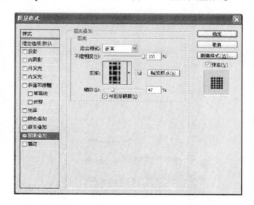

得到效果。

● **Step 16** 使用钢笔绘制路径。

设置羽化半径。

● **Step 17** 设置画笔。

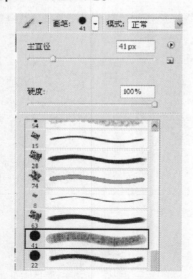

● **Step 18** 设置颜色，绘制图案。

使用橡皮擦去除多余部分。

● **Step 19** 使用画笔绘制图案。

● **Step 20** 设置图层样式－斜面和浮雕。

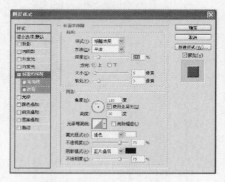

修饰后得到效果。

● **Step 21** 进一步修饰得到效果。

● **Step 22** 设置颜色，使用钢笔绘制路径，将路径转换为选区，填充颜色。

● **Step 23** 添加背景素材。

调整位置效果。

● **Step 24** 设置加深工具。

修饰后得到效果。

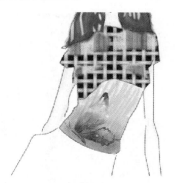

● **Step 25** 使用钢笔绘制路径。

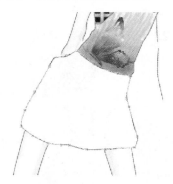

填充颜色效果。

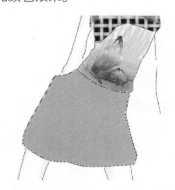

● **Step 26** 设置图层样式－图案叠加。

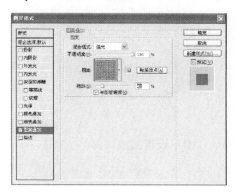

得到效果。

修饰后得到效果。

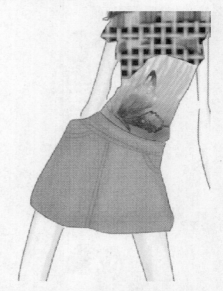

● **Step 27** 使用钢笔绘制路径。

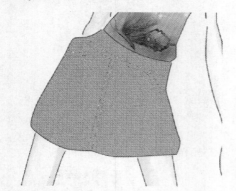

● **Step 30** 添加背景素材，最终效果。

● **Step 28** 设置加深工具。

修饰衣服得到效果。

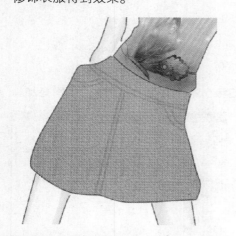

● **Step 29** 设置减淡工具。

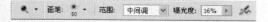

5.12　短衣长裤绘制

设计步骤

Step 1　新建文件。

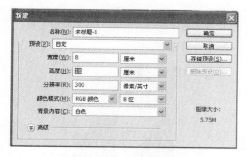

Step 2　使用钢笔绘制路径效果。

Step 3　使用画笔工具描边路径。

Step 4　使用钢笔绘制路径，将路径转换为选区，填充黑色。

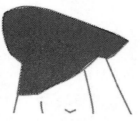

Step 5　使用钢笔绘制路径效果。

Step 6 设置羽化半径。

Step 7 羽化后效果。

Step 8 设置减淡工具。

修饰后得到效果。

Step 9 设置减淡工具。

修饰后得到效果。

Step 10 使用钢笔绘制路径，将路径转换为选区，填充颜色。

Step 11 设置加深工具。

Step 12 得到效果。

Step 13 设置减淡工具。

修饰后得到效果。

Step 14 设置颜色，使用钢笔绘制路径，填充颜色。得到效果。

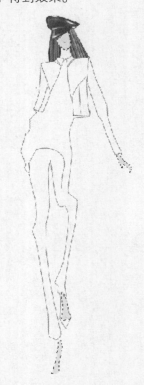

Step 15 设置加深工具。

修饰皮肤得到效果。

Step 16 设置图层样式 – 图案叠加。

修饰后得到效果。

Step 17 设置图层样式 – 图案叠加。

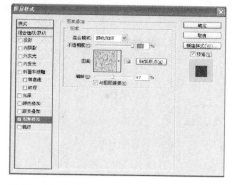

修饰后得到效果。

Step 18 使用钢笔绘制路径。

Step 19 设置颜色，将路径转换为选区，填充颜色。

◆ **Step 20**　设置图层样式－图案叠加。

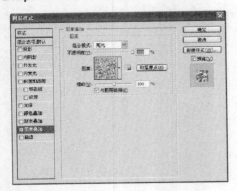

得到效果。

◆ **Step 21**　使用钢笔绘制路径，将路径转换为选区，填充颜色。

◆ **Step 22**　设置图层样式－图案叠加。

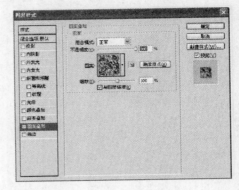

得到效果。

◆ **Step 23**　使用钢笔绘制路径。

◆ **Step 24**　将路径转换为选区，填充颜色。

Step 25　设置图层样式－图案叠加。

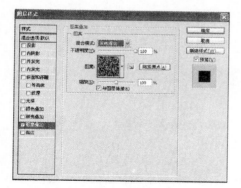

得到效果。

Step 26　最终效果。

（a）

（b）

Step 27　添加背景素材得到效果。

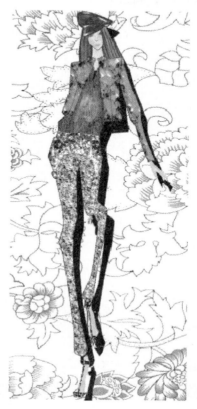

5.13 宽松式休闲套装绘制

设计步骤

Step 1 新建文件。

Step 2 设置钢笔。

Step 3 绘制路径。

Step 4 设置画笔。

Step 5 描边路径。

Step 6 使用钢笔工具绘制路径填充红色。

Step 7 使用钢笔工具绘制路径，填充颜色。

Step 8 设置橡皮擦工具。

Step 9 使用画笔工具绘制鞋子。

Step 10 设置减淡工具。

Step 11 钢笔工具绘制头部。

Step 12 设置加深工具。

Step 13 头部加深效果。

Step 14 设置加深工具。

Step 15 修饰后得到效果。

Step 16 设置减淡工具。

Step 17 修饰后得到效果。

Step 18 设置减淡工具。

Step 19 对衣服进行减淡修饰。

Step 20　设置加深工具。

Step 21　对衣服进行加深修饰。

Step 22　设置减淡工具。

Step 23　修饰后得到效果。

（a）

（b）

Step 24　使用钢笔工具绘制路径。

Step 25　设置减淡工具。

Step 26　减淡修饰后效果。

Step 27　添加背景素材得到效果。

第 **6** 章

妩媚性感女装绘制

Chapter 6

6.1 吊带长摆裙绘制

● **Step 1** 新建文件。

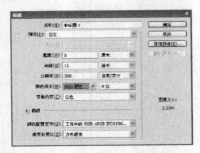

● **Step 2** 设置钢笔工具。

● **Step 3** 使用钢笔工具绘制路径。

● **Step 4** 设置画笔工具。

● **Step 5** 描边路径。

● **Step 6** 设置画笔工具。

● **Step 7** 绘制头发、皮肤。

Step 8 绘制衣服。

Step 9 设置减淡工具。

Step 10 绘制鞋子。

Step 11 进行减淡修饰。

Step 12 绘制鞋带。

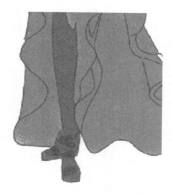

Step 13 设置减淡工具。

Step 14 对头发进行减淡修饰。

Step 15 设置加深工具。

● **Step 16**　进行进一步加深修饰。

● **Step 17**　设置减淡工具。

● **Step 18**　对鞋子进行减淡修饰。

● **Step 19**　对裙子进行进一步减淡修饰。

（a）

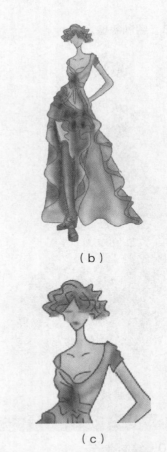

（b）

（c）

● **Step 20**　添加背景素材效果。

6.2　披肩长裙绘制

Step 1　新建文件。

Step 2　设置钢笔。

Step 3　绘制路径。

Step 4　设置画笔。

Step 5　描边路径。

Step 6　设置画笔。

Step 7　绘制头发。

Step 8　使用橡皮擦去除多余。

◆ **Step 9**　设置减淡工具。

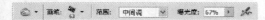

◆ **Step 10**　修饰头发。

◆ **Step 11**　设置加深工具。

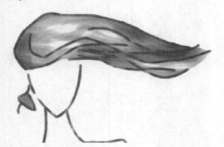

◆ **Step 12**　绘制耳环。

◆ **Step 13**　绘制皮肤。

◆ **Step 14**　去除多余。

◆ **Step 15**　设置前景色。

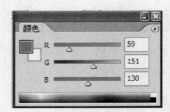

◆ **Step 16**　绘制衣服。

◆ **Step 17** 设置加深工具。

◆ **Step 18** 修饰衣服。

◆ **Step 19** 设置减淡工具。

◆ **Step 20** 修饰衣服。

◆ **Step 21** 绘制图案。

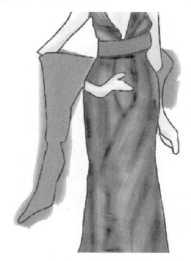

◆ **Step 22** 去除多余。

◆ **Step 23** 设置图层样式－图案叠加。

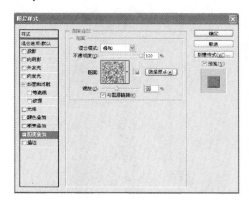

Step 24 修饰后效果。

Step 25 设置加深工具。

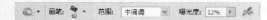

Step 26 修饰后效果。

Step 27 设置减淡工具。

Step 28 修饰后效果。

Step 29 绘制路径。

Step 30 设置画笔工具。

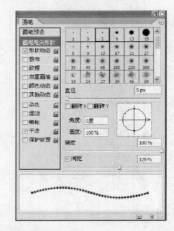

Step 31 描边路径。

Step 32 设置图层样式－斜面和浮雕。

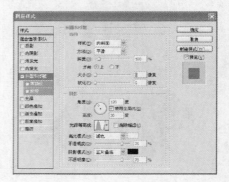

Step 33 修饰后效果。

Step 34 绘制圆形。

Step 35 设置图层样式－图案叠加。

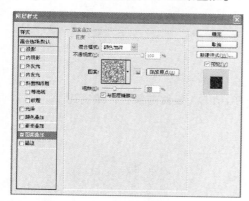

Step 36 修饰后效果。

Step 37 得到最终效果。

Step 38 添加素材效果。

6.3 吊带背心长裙绘制

 设计步骤

● **Step 1** 新建文件。

● **Step 2** 设置前景色，使用画笔绘制皮肤及裙子。

● **Step 3** 设置前景色，使用画笔绘制皮肤。

● **Step 4** 设置加深工具。

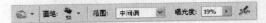

● **Step 5** 使用加深工具修饰皮肤。

● **Step 6** 设置前景色，绘制裙子。

Step 7 设置图层样式 – 图案叠加。

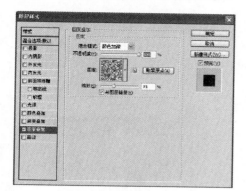

Step 8 修饰后效果。

Step 9 设置减淡工具。

Step 10 修饰后效果。

Step 11 设置画笔工具。

Step 12 设置前景色，使用画笔绘制鞋子。

Step 13 使用橡皮擦去除多余。

Step 14 设置减淡工具。

Step 15 减淡工具修饰后效果。

Step 16 设置加深工具。

● **Step 17**　加深工具修饰后效果。

● **Step 18**　设置加深工具。

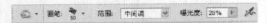

● **Step 19**　加深工具修饰后效果。

● **Step 20**　设置减淡工具。

● **Step 21**　减淡工具修饰后效果。

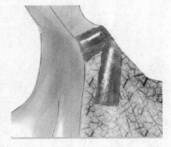

● **Step 22**　设置画笔工具。

● **Step 23**　用画笔绘制后效果。

● **Step 24**　设置画笔工具。

● **Step 25**　用画笔绘制头发。

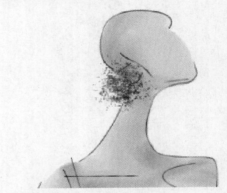

● **Step 26**　设置加深工具。

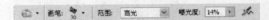

● **Step 27**　加深工具修饰后效果。

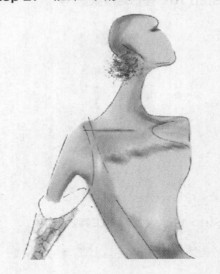

● **Step 28**　使用钢笔绘制路径。

● **Step 29**　打开光盘素材 "01.jpg"，摆放合适位置。

● **Step 30**　去除多余部分。

● **Step 31**　设置减淡工具。

● **Step 32**　减淡工具修饰后效果。

● **Step 33**　设置加深工具。

● **Step 34**　加深工具修饰后效果。

● **Step 35**　添加背景素材得到最终效果。

6.4　吊带散裙绘制

Step 1　新建文件。

Step 2　使用钢笔绘制路径。

Step 3　设置前景色。

Step 4　使用橡皮擦去除多余。

Step 5　设置减淡工具。

Step 6　修饰皮肤效果。

Step 7　使用画笔绘制图案。

Step 8　设置前景色，使用画笔绘制衣服。

Step 9　设置前景色，绘制衣服效果。

Step 10　设置减淡工具效果。

Step 11　使用钢笔绘制路径并转换为选区。

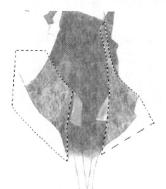

Step 12　使用钢笔绘制路径。

● **Step 13**　设置图层样式－图案叠加。

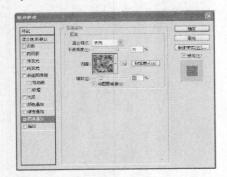

● **Step 14**　设置减淡工具。

● **Step 15**　使用减淡修饰后效果。

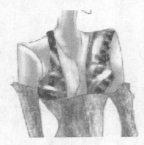

● **Step 16**　减淡修饰后效果。

● **Step 17**　使用画笔绘制鞋子。

● **Step 18**　使用橡皮擦去除多余。

● **Step 19**　设置图层样式－图案叠加。

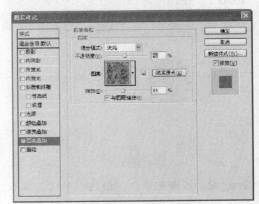

● **Step 20**　修饰后效果。

◆ **Step 21** 修饰后效果。

◆ **Step 22** 添加背景素材得到效果。

6.5　性感抹胸裙绘制

 设计步骤

◆ **Step 1** 新建文件。

◆ **Step 2** 使用钢笔绘制路径。

◆ **Step 3**　设置画笔工具。

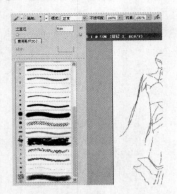

◆ **Step 4**　使用画笔描边路径。

◆ **Step 5**　设置前景色，使用画笔绘制皮肤。

◆ **Step 6**　设置减淡工具。

◆ **Step 7**　使用减淡工具修饰皮肤。

◆ **Step 8**　修饰后效果。

◆ **Step 9**　设置加深工具。

◆ **Step 10**　加深修饰效果。

Step 11　使用钢笔绘制路径。

Step 12　将路径转换为选区，填充颜色。

Step 13　设置图层样式－斜面和浮雕。

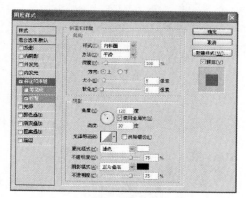

Step 14　设置图层样式－纹理。

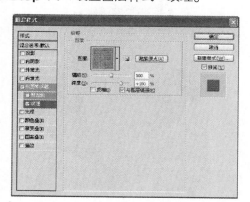

Step 15　设置画笔工具。

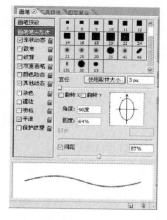

Step 16　使用画笔绘制图案。

Step 17　使用钢笔绘制路径。

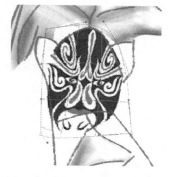

Step 18　将路径转换为选区，填充图案。

Step 19 设置前景色，填充图案。

Step 20 设置图层样式 – 图案叠加。

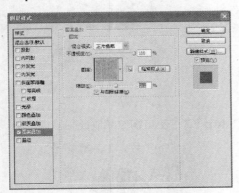

Step 21 设置图层样式修饰后效果。

Step 22 设置减淡工具。

Step 23 修饰后效果。

Step 24 设置加深效果。

Step 25 修饰后效果。

Step 26 设置前景色修饰后效果。

● **Step 27**　使用橡皮擦去除多余。

● **Step 28**　使用钢笔绘制路径。

● **Step 29**　设置羽化半径。

● **Step 30**　设置减淡工具。

● **Step 31**　使用减淡工具修饰后效果。

● **Step 32**　使用减淡工具修饰后效果。

● **Step 33**　使用减淡工具修饰后效果。

● **Step 34**　设置画笔工具。

● **Step 35**　使用画笔绘制鞋子。

◆ **Step 36** 使用橡皮擦去除多余。

◆ **Step 37** 进一步修饰。

◆ **Step 38** 设置前景色，使用画笔绘制图案。

◆ **Step 39** 使用画笔绘制图案。

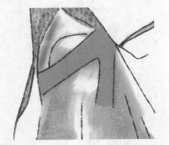

◆ **Step 40** 设置减淡工具。

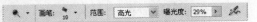

◆ **Step 41** 设置加深效果。

◆ **Step 42** 使用加深修饰。

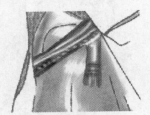

◆ **Step 43** 最终效果。

◆ **Step 44** 添加背景素材。

6.6　露肩连衣裙绘制

 设计步骤

● **Step 1**　新建文件。

● **Step 2**　使用钢笔绘制路径。

● **Step 4**　设置前景色，描边路径。

● **Step 5**　设置画笔工具。

● **Step 6**　使用画笔绘制头发。

● **Step 3**　设置画笔工具。

◆ **Step 7** 使用橡皮擦去除多余。

◆ **Step 8** 使用钢笔绘制路径。

◆ **Step 9** 设置羽化半径。

◆ **Step 10** 设置减淡工具。

◆ **Step 11** 使用减淡工具修饰后效果。

◆ **Step 12** 设置加深工具。

◆ **Step 13** 使用加深工具修饰后效果。

◆ **Step 14** 设置前景色，使用画笔绘制皮肤。

◆ **Step 15** 绘制帽子。

● **Step 16** 设置减淡工具。

● **Step 17** 使用减淡工具修饰皮肤。

● **Step 18** 设置加深工具。

● **Step 19** 使用加深工具修饰后效果。

● **Step 20** 设置颜色，使用画笔绘制衣服。

● **Step 21** 使用橡皮擦去除多余。

● **Step 22** 设置减淡工具。

● **Step 23** 使用减淡工具修饰后效果。

◈ **Step 24** 进一步修饰。

◈ **Step 25** 设置减淡工具。

◈ **Step 26** 使用减淡工具修饰后效果。

◈ **Step 27** 使用钢笔绘制路径，转换为选区，填充前景色。

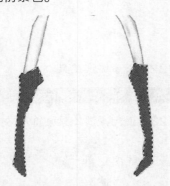

◈ **Step 28** 使用加深工具修饰后效果。

◈ **Step 29** 修饰后效果。

◈ **Step 30** 添加背景素材。

6.7 短衣宽松层叠裙绘制

设计步骤

● **Step 1** 新建文件。

● **Step 2** 设置画笔工具。

● **Step 3** 设置前景色，使用画笔绘制图案。

● **Step 4** 使用橡皮擦去除多余部分。

● **Step 5** 设置画笔工具。

● **Step 6** 使用画笔绘制头发。

⬡ **Step 7** 设置前景色，使用画笔绘制图案。

⬡ **Step 8** 设置前景色，使用画笔绘制裙子。

⬡ **Step 9** 使用橡皮擦去除多余。

⬡ **Step 10** 设置减淡工具。

⬡ **Step 11** 使用减淡修饰。

Step 12 设置减淡工具。

Step 13 使用减淡修饰。

Step 14 添加图案素材得到效果。

Step 15 调整好位置效果。

Step 16 使用钢笔绘制路径，将路径转换为选区。

⬡ **Step 17** 使用画笔填充图案。

⬡ **Step 18** 绘制后效果。

⬡ **Step 19** 最终效果。

⬡ **Step 20** 添加素材。

6.8　性感太阳裙绘制

Step 1　新建文件。

Step 2　使用钢笔绘制路径。

Step 3　设置画笔工具。

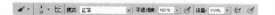

Step 4　使用画笔描边路径。

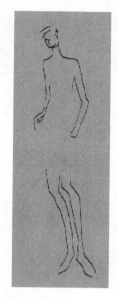

Step 5　绘制路径。

Step 6　设置画笔工具。

Step 7　描边路径。

● **Step 8** 绘制路径。

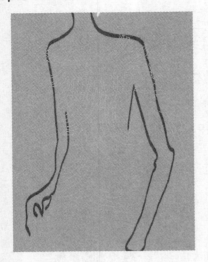

● **Step 9** 设置画笔工具。

● **Step 10** 描边路径。

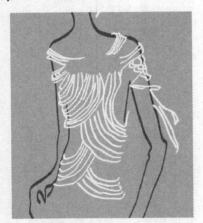

● **Step 11** 设置画笔工具。

● **Step 12** 描边路径。

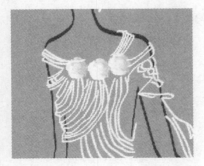

● **Step 13** 绘制路径。

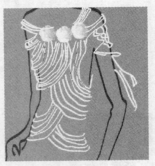

● **Step 14** 设置画笔工具。

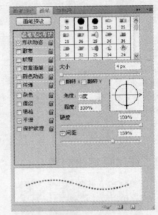

● **Step 15** 描边路径。

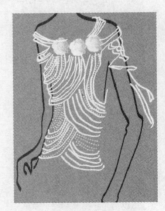

● **Step 16** 绘制路径。

● **Step 17**　设置画笔工具。

● **Step 18**　描边路径。

● **Step 19**　设置加深工具。

● **Step 20**　修饰裙子。

● **Step 21**　绘制路径。

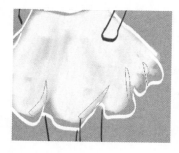

● **Step 22**　填充颜色。

● **Step 23**　设置画笔工具。

● **Step 24**　修饰效果。

● **Step 25**　绘制图案。

● **Step 26**　设置加深工具。

⬡ **Step 27** 修饰皮肤。

⬡ **Step 28** 最终效果。

第 **7** 章

大方端庄的淑女装绘制

chapter7

7.1　职业女装绘制

 设计步骤

● **Step 1**　新建一个文件。

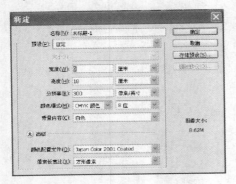

设置钢笔工具。

绘制路径。

● **Step 2**　新建一个图层1，设置画笔工具。设置前景色为黑色。

● **Step 3**　描边路径效果。选择"描边路径"命令效果。

● **Step 4**　单击创建图层按钮，图层"组1"，新建一个图层2，将图层组放在"图层1"图层之下，设置前景色为黑色。

● **Step 5** 新建一个"图层3",设置前景色。

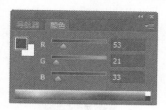

绘制路径并填充颜色。

设置减淡工具。

得到效果。

● **Step 6** 使用钢笔工具绘制路径。

设置前景色。

设置描边路径。

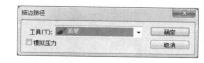

得到效果。

● **Step 7** 新建一个图层,设置前景色。

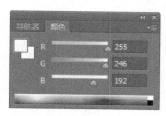

使用钢笔工具绘制路径,并填充前景色,得到效果。

◈ **Step 8** 设置减淡工具。

减淡工具修饰后得到效果。

◈ **Step 9** 设置颜色。

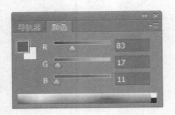

◈ **Step 10** 使用钢笔绘制路径，将路径转换为选区，得到效果。

◈ **Step 11** 设置减淡工具。

◈ **Step 12** 设置加深工具。

修饰后得到效果。

◈ **Step 13** 使用钢笔绘制路径得到效果。

◈ **Step 14** 设置前景色为白色，使用描边路径命令。

修饰后得到效果。

● **Step 15**　设置前景色。

设置画笔工具。

● **Step 16**　使用画笔工具描边路径效果。

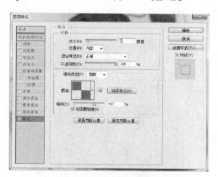

● **Step 17**　设置图层样式－描边。

● **Step 18**　描边后得到效果。

● **Step 19**　设置前景色。

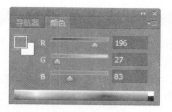

● **Step 20**　使用钢笔绘制路径，将路径转换为选区，填充颜色得到效果。

● **Step 21**　设置前景色。

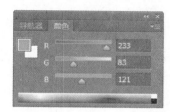

● **Step 22**　设置画笔工具。

使用画笔工具修饰后得到效果。

Step 23 设置减淡工具。

使用减淡工具修饰后得到效果。

Step 24 设置前景色。

R 28
G 32
B 178

Step 25 使用钢笔工具绘制路径，将路径转换为选区，填充蓝色。

Step 26 设置减淡工具。

Step 27 设置加深工具。

Step 28 使用加深工具修饰后得到效果。

Step 29 进一步修饰后得到效果。

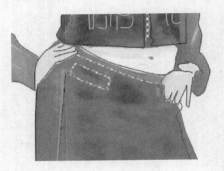

Step 30 设置前景色。

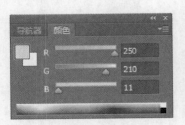

R 250
G 210
B 11

Step 31 使用钢笔绘制路径，将路径转换选区，填充颜色。

◆ **Step 32** 设置加深工具。

◆ **Step 33** 设置减淡工具。

修饰后得到效果。

◆ **Step 34** 设置前景色。

修饰后得到效果。

◆ **Step 35** 用画笔工具绘制图案得到效果。

最终效果。

◆ **Step 36** 添加背景素材得到最终效果。

7.2　短裤风衣绘制

设计步骤

● **Step 1**　新建一个文件。

设置钢笔工具。

绘制路径。

● **Step 2**　单击"创建新图层"按钮，得到"图层1"图层。设置画笔工具。设置前景色为黑色。

选择"路径1"路径，右击，在下拉菜单中选择"描边路径"命令。

得到效果。

● **Step 3**　创建图层组"组1"，新建"图层2"。

设置前景色。

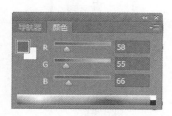

得到效果。

● **Step 4**　新建一个"图层3"，将此图层放置在"图层2"图层之下，设置前景色。

使用"钢笔工具"绘制路径，将路径转换为选区并填充。

设置减淡工具。

设置加深工具。

修饰后得到效果。

新建"图层5"，使用"钢笔工具"绘制五官。

◆ **Step 5**　创建"组2"，新建"图层7"。

设置前景色。

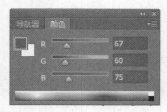

设置钢笔工具。

设置减淡工具。

修饰后得到效果。

◆ **Step 6**　新建一个"图层9"，设置前景色。

使用钢笔工具绘制路径并填充。

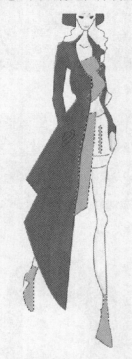

◆ **Step 7**　设置减淡工具。

修饰后得到的效果。

● **Step 8**　新建一个"图层10"，设置前景色。

　　使用"钢笔工具"绘制路径，将路径转换为选区并填充。

● **Step 9**　设置减淡工具。

　　得到的效果。

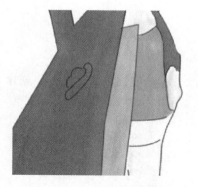

● **Step 10**　新建一个"图层11，设置前景色。

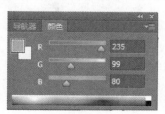

　　使用"钢笔工具"绘制路径，将路径转换为选区并填充。

　　设置加深工具。

　　设置减淡工具。

　　修饰后得到的效果。

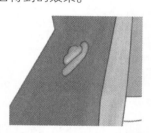

● **Step 11**　添加背景素材，得到最终效果。

7.3 半袖连衣裙绘制

设计步骤

Step 1 新建一个文件。

设置钢笔工具。

绘制路径。

Step 2 新建一个"图层1"，设置画笔工具，设置前景色为黑色，设置画笔。

选择"路径1"路径，设置描边路径。

得到结果。

Step 3 创建图层组"组1"，新建"图层2"，将此图层放置在"图层1"图层之下。

● **Step 4**   设置前景色。

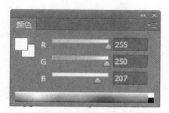

设置钢笔工具绘制路径并填充。

设置减淡工具。

修饰后得到效果。

● **Step 5**   设置前景色。

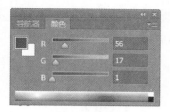

绘制出任务的五官。

● **Step 6**   设置前景色。

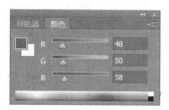

设置钢笔工具绘制路径并填充。

设置前景色。

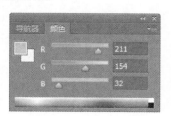

设置画笔工具。

修饰后得到效果。

设置减淡工具。

设置减淡工具。

设置加深工具。

修饰后得到效果。

修饰后得到效果。

🔹 **Step 7** 设置前景色。

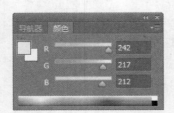

🔹 **Step 8** 设置前景色。

选择钢笔工具绘制路径，将路径转换为选区并填充。

选择钢笔工具绘制路径，将路径转换为选区并填充。

对画面进行进一步修饰。

● **Step 9**　设置前景色。

设置画笔工具。

修饰后得到效果。

设置模糊工具。

修饰后得到效果。

● **Step 10**　设置前景色。

选择钢笔工具绘制路径，将路径转换为选区并填充。

设置加深工具。

设置减淡工具。

修饰后得到效果。

最终效果。

Step 11　添加背景素材。

7.4　短衣鱼尾裙绘制

 设计步骤

绘制路径。

Step 1　新建一个文件。

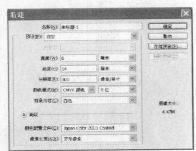

设置钢笔工具。

Step 2　单击"图层"面板底部的"创建新图层"按钮，新建一个图层，图层名称为"图层1"，设置前景色为"图层1"，设置前景色为黑色，设置"画笔工具"选项栏。

Step 3　单击"路径"面板，选择"路径1"路径，右击，在下拉菜单中选择"描边路径"命令，得到效果。

单击"图层"面板底部的"创建新组"按钮，创建图层组"组1"，新建一个图层，图层名称为"图层2"。

Step 4　设置前景色。

使用钢笔工具绘制路径，将路径转换为选区并填充。

设置加深工具。

修饰后得到的效果。

Step 5　设置前景色。

使用钢笔工具绘制路径，将路径转换为选区并填充。

设置加深工具。

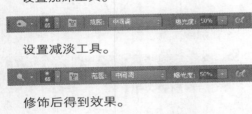

设置减淡工具。

修饰后得到效果。

● **Step 6** 设置前景色。

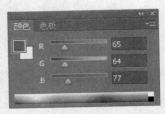

使用钢笔工具绘制路径，将路径转换为选区并填充。

设置加深工具。

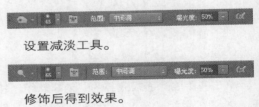

设置减淡工具。

修饰后得到效果。

● **Step 7** 设置前景色。

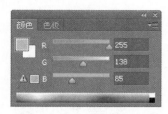

　　使用钢笔工具绘制路径，将路径转换为选区并填充。

　　设置减淡工具。

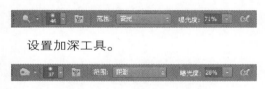

　　设置加深工具。

　　修饰后得到的效果。

● **Step 8** 设置前景色为白色，使用钢笔工具绘制路径，将路径转换为选区并填充。

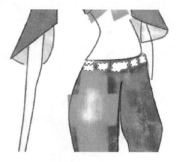

　　设置加深工具。

　　修饰后得到的效果。

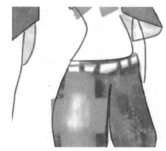

● **Step 9** 设置前景色。

　　使用钢笔工具绘制路径，将路径转换为选区并填充。

设置加深工具。

设置减淡工具。

修饰后得到效果。

⬡ **Step 10**　添加背景素材，得到最终效果。

7.5　短衫泡泡裙绘制

设计步骤

● **Step 1**　新建文件。

● **Step 2**　设置加深工具。

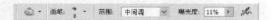

● **Step 3**　设置画笔工具。

● **Step 4**　设置前景色，使用画笔描边路径。

● **Step 5**　设置画笔工具。

● **Step 6**　设置前景色，使用画笔绘制图案。

● **Step 7**　设置涂抹工具。

● **Step 8**　使用涂抹工具修饰头发。

● **Step 9**　设置加深工具。

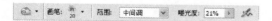

● **Step 10**　使用加深修饰头发。

● **Step 11**　设置前景色，使用画笔绘制图案。

● **Step 12**　设置减淡工具。

● **Step 13**　使用减淡工具修饰。

● **Step 14**　设置加深工具。

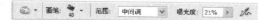

◆ **Step 15** 使用加深修饰。

◆ **Step 16** 修饰后得到效果。

◆ **Step 17** 设置画笔工具。

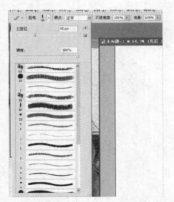

◆ **Step 18** 设置前景色，使用画笔绘制衣服。

◆ **Step 19** 使用橡皮擦去除多余部分。

◆ **Step 20** 设置减淡工具。

◆ **Step 21** 使用减淡修饰后效果。

◆ **Step 22** 设置前景色，使用画笔绘制。

● **Step 23**　使用橡皮擦去除多余。

● **Step 24**　设置图层样式－图案叠加。

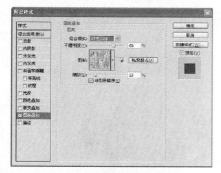

● **Step 25**　设置减淡工具。

● **Step 26**　使用减淡修饰后效果。

● **Step 27**　设置加深工具。

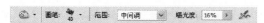

● **Step 28**　使用加深修饰效果。

● **Step 29**　设置画笔工具。

● **Step 30**　设置画笔，使用画笔绘制裙子。

● **Step 31**　设置加深工具。

● **Step 32**　使用加深工具修饰。

● **Step 33**　设置橡皮擦工具。

● **Step 34**　使用橡皮擦去除多余部分。

Step 35　设置前景色，使用画笔绘制图案。

Step 36　设置加深工具。

Step 37　使用加深修饰。

Step 38　使用橡皮擦去除多余。

Step 39　添加背景素材。

7.6　女性职业套装绘制

设计步骤

Step 1　新建文件。

Step 2　设置羽化半径。

Step 3　设置画笔工具。

Step 4　设置画笔得到效果。

Step 5　设置前景色，使用画笔绘制图案。

Step 6　使用橡皮擦去除多余部分。

Step 7　设置减淡工具。

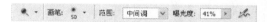

Step 8　再次设置减淡工具。调整笔刷。

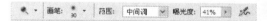

Step 9　使用减淡修饰效果。

Step 10 设置加深工具。

Step 11 设置画笔工具。

Step 12 使用画笔绘制图案。

Step 13 使用钢笔绘制路径，将路径转换为选区。

Step 14 设置前景色，填充。

Step 15 设置减淡工具。

Step 16 设置加深工具。

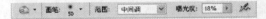

Step 17 使用加深工具修饰图案。

● **Step 18**　使用画笔绘制嘴唇。

● **Step 19**　设置前景色，使用画笔绘制嘴唇。

● **Step 20**　使用橡皮擦去除多余。

● **Step 21**　设置减淡工具。

● **Step 22**　使用减淡修饰效果。

● **Step 23**　设置加深工具。

● **Step 24**　修饰后得到效果。

◆ **Step 25**　设置前景色，使用画笔绘制鞋子。

◆ **Step 26**　设置前景色，使用画笔绘制皮包。

◆ **Step 27**　设置前景色，进一步绘制皮包。

◆ **Step 28**　进一步修饰图案。

◆ **Step 29**　使用钢笔绘制路径。

◆ **Step 30**　使用减淡修饰图案。

◆ **Step 31**　最终效果。

◆ **Step 32**　添加素材。

7.7 短裤套装绘制

设计步骤

Step 1   新建文件。

Step 2   使用钢笔绘制路径。

Step 3   设置画笔工具。

Step 4   画笔描边。

Step 5   设置画笔工具。

Step 6   使用画笔修饰后效果。

Step 7   设置减淡工具。

● **Step 8** 减淡修饰。

● **Step 9** 设置加深工具。

● **Step 10** 修饰头发。

● **Step 11** 设置画笔工具。

● **Step 12** 绘制皮肤。

● **Step 13** 使用橡皮擦去除多余。

● **Step 14** 设置减淡工具。

● **Step 15** 使用减淡工具修饰皮肤。

● **Step 16**　设置颜色，使用画笔绘制衣服。

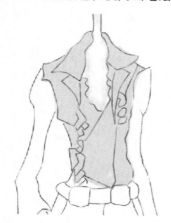

● **Step 17**　设置减淡工具。

● **Step 18**　使用减淡修饰效果。

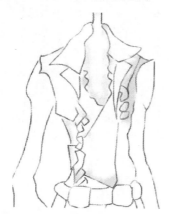

● **Step 19**　设置加深工具。

● **Step 20**　使用加深工具修饰效果。

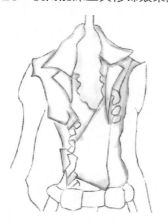

● **Step 21**　使用画笔绘制五官。

● **Step 22**　设置颜色，使用画笔绘制衣服。

● **Step 23**　使用橡皮擦去除多余。

Step 24 设置减淡工具。

Step 25 设置减淡工具。

Step 26 修饰衣服。

Step 27 设置画笔工具绘制腰带。

Step 28 使用钢笔绘制路径，填充颜色。

Step 29 设置图层样式 – 斜面和浮雕。

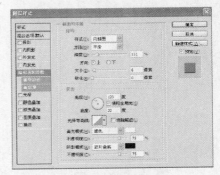

Step 30 修饰后得到效果。

Step 31 进一步修饰得到效果。

Step 32 使用画笔绘制鞋子。

Step 33 使用橡皮擦去除多余。

◆ **Step 34** 设置减淡工具。

◆ **Step 35** 修饰鞋子。

◆ **Step 36** 设置颜色。

◆ **Step 37** 设置减淡工具。

◆ **Step 38** 绘制鞋子效果。

◆ **Step 39** 最终效果。

◆ **Step 40** 添加背景素材。

7.8 低胸超短裙绘制

设计步骤

Step 1 新建文件。

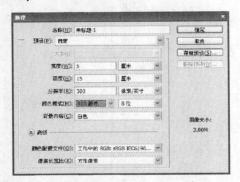

Step 2 设置钢笔工具。

Step 3 绘制路径。

Step 4 使用画笔描边路径。

Step 5 设置画笔工具。

Step 6 绘制头发效果。

● **Step 7** 设置减淡工具。

● **Step 8** 修饰后得到效果。

● **Step 9** 设置画笔工具。

● **Step 10** 绘制图案。

● **Step 11** 设置橡皮擦工具。

● **Step 12** 修饰图案。

● **Step 13** 设置画笔工具。

● **Step 14** 设置颜色，使用画笔绘制皮肤。

● **Step 15** 使用橡皮擦去除多余部分。

● **Step 16** 设置减淡工具。

◗ **Step 17** 修饰后的效果。

◗ **Step 18** 进一步修饰得到效果。

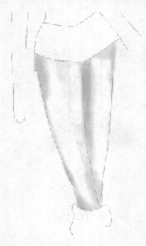

◗ **Step 19** 设置画笔工具。

◗ **Step 20** 设置颜色，使用画笔绘制图案。

◗ **Step 21** 进一步使用画笔修饰。

◗ **Step 22** 设置加深工具。

◗ **Step 23** 使用加深工具修饰。

◗ **Step 24** 设置画笔工具。

◗ **Step 25** 设置颜色，绘制图案。

◗ **Step 26** 设置减淡工具。

Step 27 使用减淡工具修饰效果。

Step 28 设置加深工具。

Step 29 使用加深工具修饰效果。

Step 30 设置颜色，使用画笔绘制图案。

Step 31 设置图层样式–图案叠加。

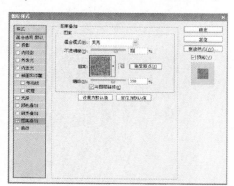

Step 32 得到效果。

Step 33 使用钢笔绘制路径，填充图案。

Step 34 使用钢笔绘制路径，填充颜色。

Step 35 设置图层样式得到效果。

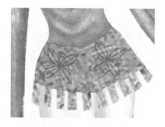

Step 36 使用画笔绘制鞋子。

● **Step 37** 使用加深工具修饰得到效果。

● **Step 38** 最终效果。

7.9 女性风衣绘制

 设计步骤

● **Step 1** 新建文件。

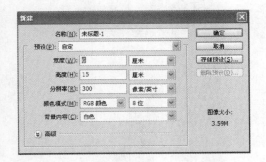

● **Step 2** 设置钢笔工具。

● **Step 3** 绘制路径。

● **Step 4** 描边路径。

● **Step 5** 设置画笔工具。

● **Step 6** 绘制头发。

● **Step 7** 进一步绘制。

● **Step 8** 再进一步绘制。

● **Step 9** 绘制皮肤。

● **Step 10** 使用橡皮擦去除多余。

● **Step 11** 绘制五官。

Step 12 设置画笔工具。

Step 13 绘制大衣。

Step 14 使用橡皮擦去除多余。

Step 15 绘制图案。

Step 16 设置减淡工具。

Step 17 转换选区。

Step 18 减淡修饰。

Step 19 设置加深工具。

Step 20 修饰图案。

● **Step 21** 设置减淡工具。

● **Step 22** 修饰大衣。

● **Step 23** 进一步修饰。

● **Step 24** 设置画笔工具。

● **Step 25** 绘制裙子。

● **Step 26** 使用橡皮擦去除多余。

● **Step 27** 设置加深工具。

● **Step 28** 加深修饰。

● **Step 29** 设置加深工具。

● **Step 30** 修饰效果。

● **Step 31** 设置画笔工具。

● **Step 32**　绘制裤子。

● **Step 33**　用橡皮擦去除多余。

● **Step 34**　设置加深工具。

● **Step 35**　修饰效果。

● **Step 36**　绘制鞋子。

● **Step 37**　用橡皮擦去除多余。

● **Step 38**　设置加深工具。

● **Step 39**　修饰鞋子。

● **Step 40**　设置减淡工具。

● **Step 41**　修饰图案。

● **Step 42** 最终效果。

● **Step 43** 添加素材。

Chapter 8

第 **8** 章

张扬个性的舞台装绘制

8.1 小丑表演服装绘制

 设计步骤

● **Step 1** 新建文件。

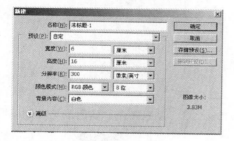

● **Step 2** 设置钢笔工具。

● **Step 3** 使用钢笔绘制路径效果。

● **Step 4** 设置画笔工具。

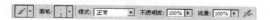

● **Step 5** 使用画笔工具进行描边。

● **Step 6** 描边效果。

● **Step 7** 设置前景色，使用钢笔绘制路径，将路径转换为选区并填充颜色。

● **Step 8** 设置前景色，使用钢笔绘制路径，将路径转换为选区并填充颜色。

● **Step 9** 设置前景色，填充颜色。

● **Step 10** 使用钢笔绘制路径，将路径转换为选区。

● **Step 11** 设置羽化半径。

● **Step 12** 设置图层样式－图案叠加。

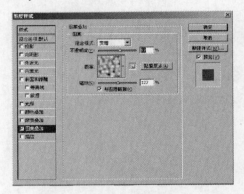

● **Step 13** 设置颜色，使用画笔绘制图案。

● **Step 14** 使用画笔工具绘制皮肤。

● **Step 15** 使用钢笔绘制路径，将路径转换为选区，填充颜色。

● **Step 16** 使用钢笔绘制路径，将路径转换为选区，填充颜色。

● **Step 17** 设置图层样式–图案叠加。

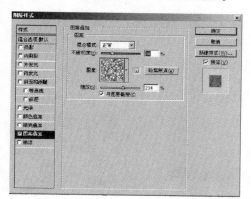

● **Step 18** 设置加深工具。

● **Step 19** 修饰后得到效果。

● **Step 20** 进一步修饰得到效果。

● **Step 21** 设置图层样式–图案叠加。

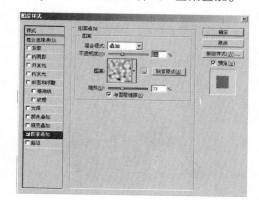

Step 22 设置图层样式命令效果。

Step 23 使用钢笔绘制路径效果。

Step 24 使用画笔工具描边路径效果。

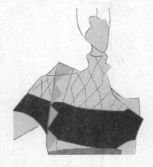

Step 25 设置画笔工具。

Step 26 使用画笔绘制图案效果。

Step 27 设置减淡工具。

Step 28 使用减淡工具修饰效果。

Step 29 进一步修饰。

Step 30 使用钢笔绘制路径效果。

Step 31 设置颜色，将路径转换为选区，填充颜色效果。

Step 32 使用加深工具修饰后得到效果。

Step 33 使用钢笔绘制路径效果。

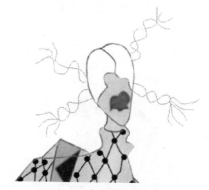

Step 34 使用画笔描边路径效果。

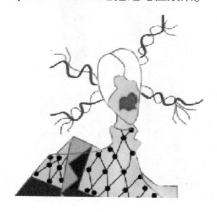

Step 35 使用钢笔工具绘制路径。

Step 36 设置加深工具。

Step 37 加深工具修饰后效果。

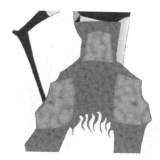

Step 38 使用钢笔绘制路径效果。

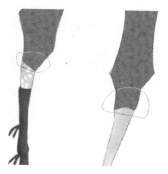

Step 39 描述修饰效果。

Step 40 使用描述工具进行绘制。

Step 41 设置前景色进行填充。

Step 42 修饰效果。

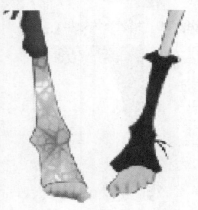

Step 43 最终得到整幅效果。

Step 44 添加背景层得到最终效果。

8.2　古装剧绘制

 设计步骤

● **Step 1**　新建文件。

● **Step 2**　绘制路径。

● **Step 3**　设置画笔工具。

● **Step 4**　描边路径。

● **Step 5**　设置画笔工具。

● **Step 6**　描边路径。

Step 7　设置画笔工具。

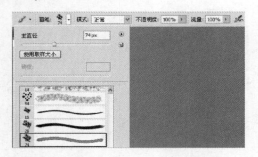

Step 8　设置前景色，使用画笔绘制头发。

Step 9　设置前景色，绘制头发。

Step 10　使用橡皮擦去除多余。

Step 11　设置加深工具。

Step 12　再次设置加深工具，调整笔刷大小。

Step 13　绘制五官。

Step 14　设置画笔工具。

Step 15　设置颜色，使用画笔绘制皮肤。

Step 16　设置前景色，使用画笔绘制衣服。

● **Step 17** 设置前景色，使用画笔绘制衣服。

● **Step 18** 设置减淡工具。

● **Step 19** 减淡修饰效果。

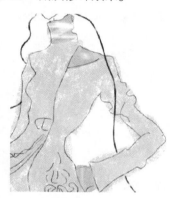

● **Step 20** 设置画笔工具。

● **Step 21** 设置前景色，使用画笔绘制衣服。

● **Step 22** 设置减淡工具。

● **Step 23** 减淡修饰效果。

● **Step 24** 设置画笔，使用画笔修饰。

● **Step 25** 使用橡皮擦去除多余。

● **Step 26** 使用加深修饰效果。

● Step 27 修饰后得到效果。

● Step 28 设置画笔工具。

● Step 29 设置前景色，使用画笔绘制裤子。

● Step 30 使用橡皮擦去除多余。

● Step 31 设置加深工具。

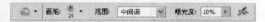

● Step 32 加深修饰后得到效果。

● Step 33 设置减淡工具。

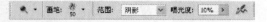

● Step 34 加深修饰后得到效果。

● Step 35 设置前景色，使用画笔绘制鞋子。

● Step 36 使用橡皮擦去除多余。

● Step 37 修饰后效果。

● Step 38 使用减淡修饰后得到效果。

● **Step 39**　最终效果。

● **Step 40**　添加背景素材。

8.3　舞台演出服装绘制

设计步骤

● **Step 1**　新建文件。

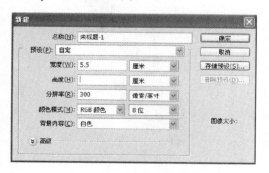

● **Step 2**　绘制路径效果。

◆ **Step 3** 设置画笔工具。

◆ **Step 4** 使用画笔工具描边路径。

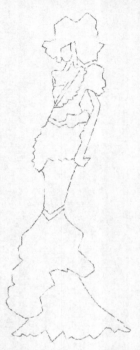

◆ **Step 5** 设置前景色，使用画笔绘制图案。

◆ **Step 6** 设置加深工具。

◆ **Step 7** 再次设置加深工具，调整笔刷大小。

◆ **Step 8** 使用加深工具修饰后得到效果。

◆ **Step 9** 设置减淡工具。

◆ **Step 10** 使用减淡工具修饰效果。

● **Step 11** 绘制路径。

● **Step 12** 设置羽化半径。

● **Step 13** 减淡修饰效果。

● **Step 14** 设置前景色，绘制皮肤。

● **Step 15** 使用减淡修饰后得到效果。

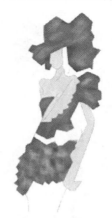

● **Step 16** 设置加深工具。

● **Step 17** 加深工具效果。

● **Step 18** 修饰后得到效果。

◆ **Step 19**　进一步修饰后得到效果。

◆ **Step 20**　使用钢笔绘制路径。

◆ **Step 21**　设置羽化半径。

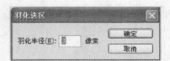

◆ **Step 22**　设置减淡工具。

◆ **Step 23**　减淡修饰后效果。

◆ **Step 24**　使用画笔绘制路径效果。

◆ **Step 25**　设置羽化半径。

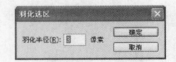

◆ **Step 26**　修饰后的导向效果。

◆ **Step 27**　修饰后的导向效果。

● **Step 28** 进一步绘制的导向效果。

● **Step 30** 添加背景素材。

● **Step 29** 修饰后得到效果。

 设计步骤

● **Step 1** 新建文件。

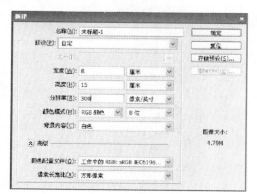

● **Step 2** 使用钢笔绘制路径效果。

◉ **Step 3**　设置画笔工具。

描边路径。

◉ **Step 4**　使用钢笔绘制路径，将路径转换
为选区，填充颜色。

◉ **Step 5**　设置颜色，使用钢笔绘制路径，
填充颜色。

◉ **Step 6**　使用钢笔绘制路径效果。

◉ **Step 7**　设置羽化半径。

◉ **Step 8**　调整色相饱和度效果。

● **Step 9** 使用钢笔绘制路径。

● **Step 10** 将路径转换为选区，填充黑色。

● **Step 11** 使用钢笔绘制路径。

● **Step 12** 填充白色。

● **Step 13** 绘制路径并转换为选区，填充颜色。

● **Step 14** 设置加深工具。

修饰后得到效果。

● **Step 15** 设置加深工具。

修饰后得到效果。

● **Step 16** 设置减淡工具。

修饰后得到效果。

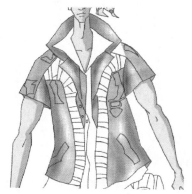

Step 17　进一步修饰得到效果。

Step 18　设置图层样式－图案叠加。

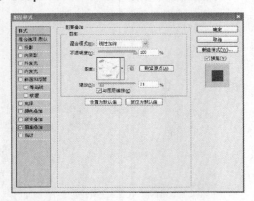

得到效果。

Step 19　设置加深工具。

Step 20　设置减淡工具。

Step 21　修饰后得到效果。

Step 22　使用钢笔绘制路径，将路径转换为选区，并填充颜色。

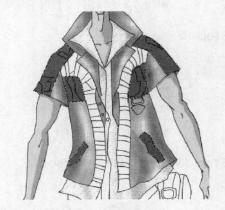

Step 23　进一步修饰效果。

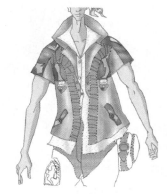

得到效果。

Step 24　设置渐变工具。

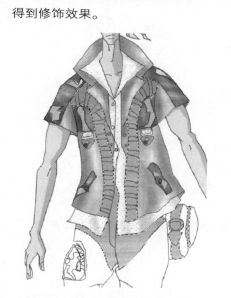

得到修饰效果。

◆ **Step 26**　进一步修饰效果。

◆ **Step 25**　设置图层样式－图案叠加。

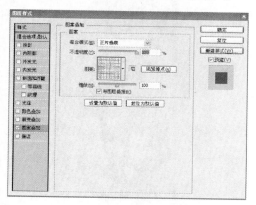

◆ **Step 27**　使用钢笔绘制路径。

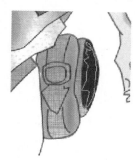

◆ **Step 28**　将路径转换为选区，添加图层样式。

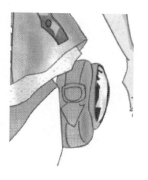

Step 29 使用钢笔绘制路径，填充颜色。

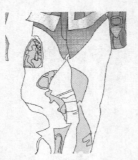

Step 30 使用钢笔绘制路径。

Step 31 将路径转换为选区，填充颜色。

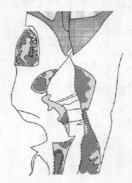

Step 32 设置画笔工具。

Step 33 使用画笔绘制图案。

进一步修饰效果。

Step 34 设置加深工具。

Step 35 得到效果。

Step 36 绘制阴影，最终效果。

8.5 舞蹈服装绘制

 设计步骤

● **Step 1** 新建文件。

使用钢笔工具绘制路径。

● **Step 2** 设置画笔工具。

● **Step 3** 描边路径效果。

● **Step 4** 使用钢笔工具绘制图案，并填充颜色。

● **Step 5** 设置画笔工具。

● **Step 6** 使用画笔工具绘制头发。

Step 7 设置减淡工具。

Step 8 设置加深工具。

Step 9 使用钢笔工具绘制五官。

Step 10 使用画笔工具。

Step 11 使用画笔工具描边路径。

Step 12 对面部进行加深设置。

Step 13 使用钢笔工具绘制路径，并填充绿色。

Step 14 使用钢笔工具绘制路径。

Step 15 设置羽化工具。

Step 16 设置色相/饱和度。

调整色相后效果。

Step 17 使用钢笔工具绘制路径。

Step 18　调整色相/饱和度效果。

Step 19　修饰后效果。

Step 20　添加图案素材。

Step 21　绘制手部图案。

Step 22　去除多余部分效果。

Step 23　设置减淡工具。

Step 24　对手部进行加深修饰。

Step 25　添加素材效果。

Step 26　使用钢笔绘制路径并填充颜色。

Step 27　添加素材效果。

● **Step 28**　设置加深工具。

● **Step 29**　添加素材效果。

● **Step 30**　进行加深修饰效果。

● **Step 31**　设置减淡工具进行涂抹修饰，使用画笔绘制腰带。

● **Step 32**　使用钢笔工具绘制路径并填充颜色。

● **Step 33**　加深修饰效果。

● **Step 34**　添加背景素材。

8.6 巨星演唱服装绘制

 设计步骤

● **Step 1** 新建文件。

● **Step 2** 使用钢笔绘制路径。

● **Step 3** 设置画笔工具。

● **Step 4** 绘制头发。

● **Step 5** 设置加深工具。

修饰效果。

● **Step 6** 使用画笔绘制皮肤。

● **Step 7** 去除多余部分。

◆ **Step 8** 设置减淡工具。

◆ **Step 9** 修饰皮肤绘制五官。

◆ **Step 12** 选择滤镜 – 海绵工具。

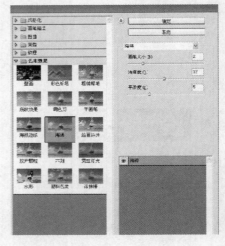

◆ **Step 10** 设置画笔工具。

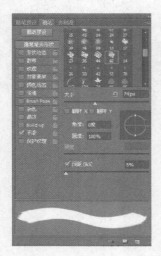

修饰后得到效果。

◆ **Step 11** 绘制图案效果。

◆ **Step 13** 选择滤镜 – 阴影线工具。

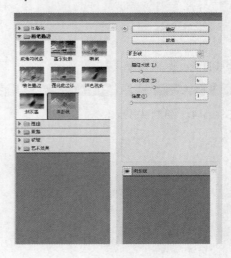

修饰后得到效果。

● **Step 14** 使用钢笔绘制路径。

● **Step 15** 设置加深工具。

修饰效果。

● **Step 16** 进一步修饰。

● **Step 17** 使用钢笔绘制路径。

● **Step 18** 设置羽化工具。

● **Step 19** 羽化效果。

● **Step 20** 设置减淡工具。

修饰后得到效果。

Step 21　使用画笔绘制图案。

Step 22　设置涂抹工具。

修饰后效果。

Step 23　进一步修饰效果。

Step 24　设置图层样式。

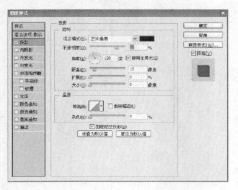

Step 25　修饰后得到效果。

Step 26　使用画笔绘制鞋子。

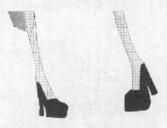

Step 27　去除多余部分。

Step 28　添加背景素材最终效果。

8.7 现代舞蹈服装绘制

 设计步骤

● **Step 1** 新建文件。

● **Step 2** 设置钢笔工具。

● **Step 3** 绘制路径。

● **Step 4** 设置橡皮擦工具。

● **Step 5** 设置颜色，填充图案。

● **Step 6** 设置加深工具。

● **Step 7** 修饰后得到效果。

Step 8　设置画笔工具。

Step 9　绘制头发效果。

Step 10　设置减淡工具。

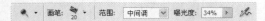

Step 11　修饰后得到效果。

Step 12　设置加深工具。

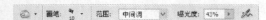

Step 13　修饰后得到效果。

Step 14　使用画笔绘制图案。

Step 15　设置图层样式－图案叠加。

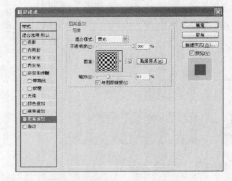

Step 16　设置减淡工具。

Step 17　修饰后得到效果。

Step 18　设置颜色，使用画笔绘制图案。

Step 19　设置图层样式－图案叠加。

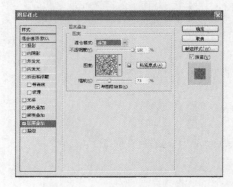

Step 20 设置减淡工具。

Step 21 设置加深工具。

Step 22 修饰后得到效果。

Step 23 设置颜色,使用画笔绘制图案。

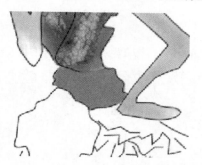

Step 24 设置颜色,使用画笔绘制图案。

Step 25 去除多余部分。

Step 26 设置颜色,选择画笔工具绘制图案。

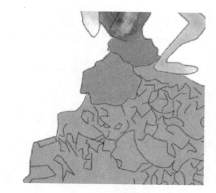

Step 27 设置减淡工具。

Step 28 修饰后得到效果。

Step 29　使用钢笔绘制路径，将路径转换为选区。

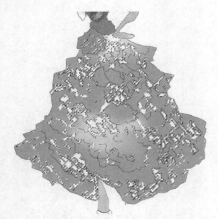

Step 30　修饰后得到效果。

Step 31　进一步修饰效果。

Step 32　选择加深工具修饰。

Step 33　最终效果。

Step 34　添加背景素材效果。

8.8 宫廷舞蹈绘制

 设计步骤

Step 1 新建文件。

Step 2 设置画笔工具。

Step 3 描边路径效果。

Step 4 设置画笔工具。

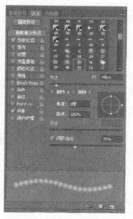

Step 5 使用画笔绘制图案效果。

Step 6 设置画笔工具。

Step 7 绘制皮肤效果。

Step 8 设置画笔工具，使用画笔绘制图案。

Step 9 使用橡皮擦工具去除多余部分效果。

Step 10 设置减淡工具。

Step 11 修饰后得到效果。

Step 12 设置加深工具。

Step 13 进一步修饰得到效果。

Step 14 设置加深工具效果。

Step 15 使用钢笔绘制路径，将路径转换为选区，填充颜色。

Step 16 添加素材效果。

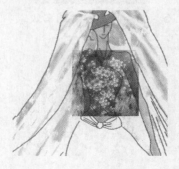

● **Step 17** 调整位置玄色正片叠底效果。

● **Step 18** 设置画笔工具。

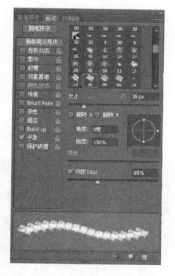

● **Step 19** 使用画笔工具修饰后得到效果。

● **Step 20** 使用加深工具修饰得到效果。

● **Step 21** 进一步修饰后得到效果。

● **Step 22** 再进一步修饰得到效果。

◆ **Step 23** 使用画笔绘制图案。

◆ **Step 24** 使用加深工具修饰图案效果。

◆ **Step 25** 设置画笔工具，使用画笔工具
绘制鞋，修饰后得到效果。

◆ **Step 26** 最终效果。

◆ **Step 27** 添加背景素材得到效果。

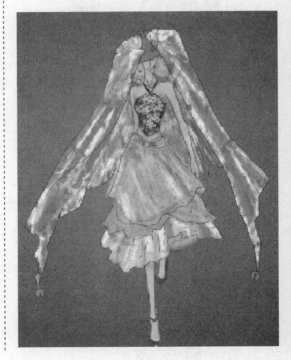

第**9**章

高贵典雅的晚装绘制

Chapter 9

9.1　贵妇晚装绘制

 设计步骤

● **Step 1**　新建文件。

● **Step 2**　绘制路径。

● **Step 3**　设置画笔工具。

● **Step 4**　描边路径。

● **Step 5**　设置画笔工具。

● **Step 6**　设置减淡工具。

● **Step 7**　绘制头发。

Step 8 设置加深工具。

修饰效果。

Step 9 绘制路径。

Step 10 描边路径。

Step 11 设置画笔工具。

Step 12 绘制皮肤。

Step 13 设置减淡工具。

Step 14 绘制路径。

Step 15 设置画笔工具。

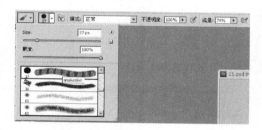

Step 16 绘制图案。

Step 17 设置减淡工具。

修饰后效果。

◆ **Step 18**　使用钢笔绘制路径。

◆ **Step 19**　设置图层样式－斜面浮雕。

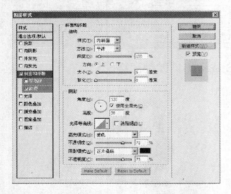

◆ **Step 20**　设置图层样式－图案叠加。

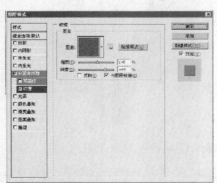

◆ **Step 21**　图层样式效果。

◆ **Step 22**　绘制路径。

◆ **Step 23**　修饰后效果。

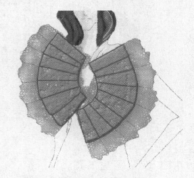

◆ **Step 24**　设置图层掩饰命令。

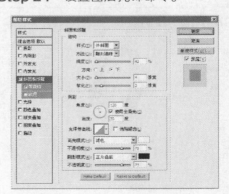

● **Step 25**　设置图层样式。

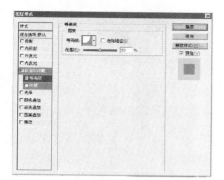

● **Step 26**　设置皮肤效果。

● **Step 27**　设置减淡工具。

修饰后效果。

● **Step 28**　设置画笔工具。

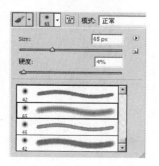

● **Step 29**　设置颜色，绘制图案。

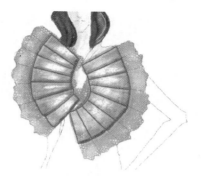

● **Step 30**　设置图案叠加。

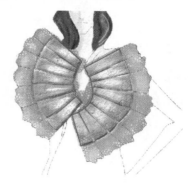

● **Step 31**　设置加深工具。

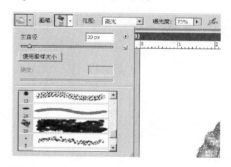

修饰后效果。

● **Step 32**　设置前景色，绘制长裙。

● **Step 33**　设置减淡工具。

修饰后效果。

● **Step 34**　加深修饰后效果。

● **Step 35**　减淡修饰效果。

● **Step 36**　加深修饰效果。

● **Step 37**　绘制图案。

Step 38　进一步绘制。

Step 39　设置画笔工具。

Step 40　进一步修饰效果。

Step 41　修饰后效果。

Step 42　设置减淡工具。

Step 43　修饰效果。

Step 44　添加背景。

9.2 古典晚装绘制

 设计步骤

● **Step 1** 新建文件。

● **Step 2** 设置钢笔工具。

● **Step 3** 绘制路径。

● **Step 4** 设置画笔工具。

● **Step 5** 绘制路径。

● **Step 6** 设置颜色。

● **Step 7** 设置颜色。

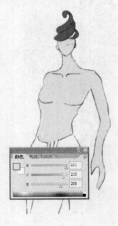

● **Step 8**   设置前景色。

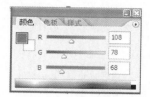

● **Step 9**   使用画笔绘制裙子。

● **Step 10**   设置减淡工具。

● **Step 11**   设置加深工具。

● **Step 12**   设置减淡工具修饰效果。

● **Step 13**   绘制路径。

● **Step 14**   设置羽化半径。

● **Step 15**   填充颜色。

● **Step 16**   设置加深工具。

● **Step 17**   修饰图案。

● **Step 18**   设置减淡工具。

修饰后效果。

（a）

（b）

◆ **Step 19** 绘制路径。

◆ **Step 20** 设置羽化半径。

◆ **Step 21** 填充颜色。

◆ **Step 22** 绘制路径。

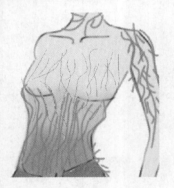

◆ **Step 23** 填充颜色。

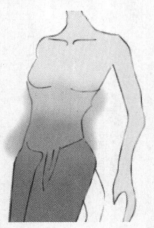

◆ **Step 24** 使用橡皮擦去除多余。

◆ **Step 25** 使用功能关闭绘制路径。

◆ **Step 26** 设置画笔工具。

◆ **Step 27** 设置颜色，描边路径。

● **Step 28** 描边路径效果。

● **Step 29** 绘制路径。

● **Step 30** 描边路径。

● **Step 31** 设置画笔工具。

● **Step 32** 绘制图案。

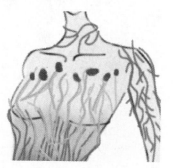

● **Step 33** 图层样式－图案叠加。

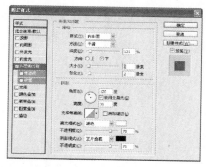

● **Step 34** 绘制图案。

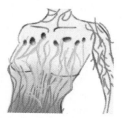

● **Step 35** 设置画笔工具。

● **Step 36** 绘制图案。

● **Step 37** 绘制图案。

● **Step 38** 设置画笔工具。

● **Step 39** 绘制图案。

● **Step 40** 绘制路径。

● **Step 41** 设置画笔工具。

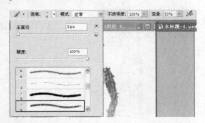

● **Step 42** 画笔描边。

● **Step 43** 设置减淡工具。

● **Step 44** 设置加深工具。

● **Step 45** 修饰图案。

添加背景素材。

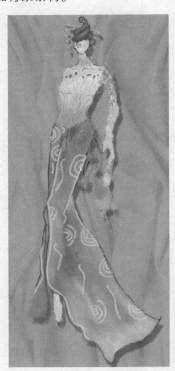

9.3　性感晚装绘制

● **Step 1**　新建文件。

● **Step 2**　设置钢笔工具。

● **Step 3**　绘制路径。

● **Step 4**　设置画笔工具。

● **Step 5**　使用画笔绘制头发。

● **Step 6**　设置减淡工具。

● **Step 7**　修饰后得到效果。

● **Step 8**　进一步修饰得到效果。

● **Step 9**　设置颜色，使用画笔绘制皮肤。

Step 10　使用橡皮擦去除多余部分。

Step 11　设置减淡工具。

Step 12　修饰后得到效果。

Step 13　使用画笔绘制五官。

Step 14　设置颜色，使用钢笔绘制路径，将路径转换为选区，填充颜色。

Step 15　设置加深工具。

Step 16　设置减淡工具。

Step 17　修饰后得到效果。

Step 18　设置颜色，使用钢笔绘制路径，将路径转换为选区并填充颜色。

● **Step 19** 设置加深工具。

● **Step 20** 修饰后得到效果。

● **Step 21** 设置减淡工具。

● **Step 22** 修饰后得到效果。

● **Step 23** 使用钢笔绘制路径。

● **Step 24** 设置羽化半径。

羽化选区

羽化半径(R): 2 像素   确定   取消

● **Step 25** 设置减淡工具效果。

● **Step 26** 使用钢笔绘制路径，将路径转换为选区。

● **Step 27** 设置颜色，使用画笔工具描边路径。

● **Step 28** 设置图层样式-图案叠加。

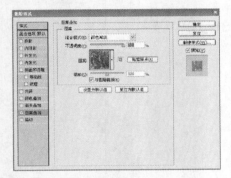

● **Step 29** 设置图层样式-描边。

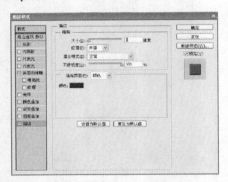

● **Step 30** 修饰后得到效果。

● **Step 31** 使用画笔绘制图案。

● **Step 32** 修饰后效果。

● **Step 33** 添加背景素材。

9.4 豪华晚礼服绘制

设计步骤

● **Step 1** 新建文件。

● **Step 2** 设置画笔工具。

● **Step 3** 设置前景色，使用画笔工具描边路径。

● **Step 4** 设置画笔工具。

● **Step 5** 设置前景色，使用画笔绘制头发效果。

● **Step 6** 使用橡皮擦去除多余。

● **Step 7** 设置减淡工具。

● **Step 8** 使用减淡修饰效果。

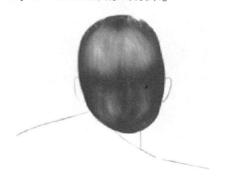

Step 9 设置前景色，使用画笔绘制图案。

Step 10 设置涂抹工具。

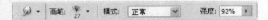

Step 11 涂抹效果。

Step 12 设置加深工具。

Step 13 设置减淡工具。

Step 14 减淡工具修饰效果。

Step 15 修饰后得到效果。

Step 16 设置前景色，使用画笔绘制皮肤。

Step 17 使用橡皮擦去除多余。

◈ **Step 18**　设置加深工具。

◈ **Step 19**　使用加深工具修饰效果。

◈ **Step 20**　设置减淡工具。

◈ **Step 21**　减淡工具修饰效果。

◈ **Step 22**　设置前景色，使用画笔绘制衣服。

◈ **Step 23**　使用画笔绘制衣服。

◈ **Step 24**　设置图层样式－图案叠加。

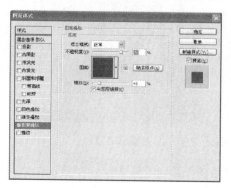

Step 25 得到效果。

Step 26 绘制图案。

Step 27 设置羽化半径。

Step 28 转换路径，填充颜色。

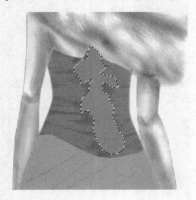

Step 29 设置减淡工具。

Step 30 减淡修饰。

Step 31 修饰效果。

Step 32 设置图层样式－外发光。

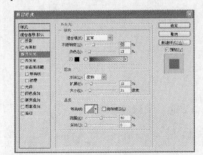

Step 33 修饰后得到效果。

Step 34 修饰后的效果。

Step 35 设置图层样式－投影。

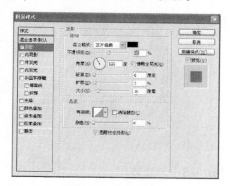

Step 36 修饰后得到效果。

Step 37 绘制路径。

Step 38 设置羽化半径。

Step 39 设置加深工具。

Step 40 加深修饰。

Step 41 加深修饰。

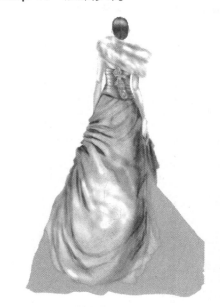

Step 42 设置画笔工具。

Step 43 使用画笔绘制图案。

Step 44 设置图层效果。

Step 45 设置后效果。

Step 46 设置减淡工具。

Step 47 设置加深工具。

Step 48 最终效果。

Step 49 添加背景。

9.5　宴会晚礼服绘制

设计步骤

● **Step 1**　新建文件。

● **Step 2**　设置钢笔工具。

● **Step 3**　绘制路径。

● **Step 4**　设置画笔工具。

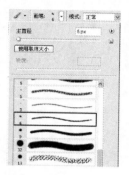

● **Step 5**　描边路径。

● **Step 6**　设置颜色，使用画笔绘制头发。

● **Step 7**　设置减淡工具。

● **Step 8**　修饰头发。

● **Step 9**　使用画笔绘制皮肤。

● **Step 10**　设置画笔工具。

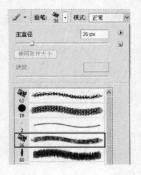

● **Step 11**　绘制裙子。

● **Step 12**　去除多余。

● **Step 13**　设置图层样式－图案叠加。

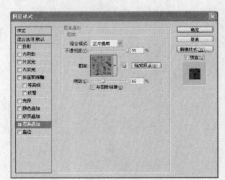

● **Step 14** 得到效果。

● **Step 15** 设置减淡工具。

● **Step 16** 修饰后得到效果。

● **Step 17** 设置减淡工具。

● **Step 18** 修饰后得到效果。

● **Step 19** 设置减淡工具。

● **Step 20** 进一步修饰。

● **Step 21** 使用画笔绘制五官。

● **Step 22** 进一步绘制。

⬡ **Step 23** 最终效果。

⬡ **Step 24** 添加背景。

9.6　抹胸晚礼服绘制

 设计步骤

⬡ **Step 1** 新建文件。

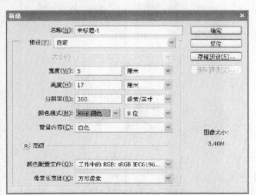

⬡ **Step 2** 使用钢笔绘制路径。

Step 3 设置画笔工具。

Step 4 描边路径。

Step 5 设置画笔工具。

Step 6 设置颜色，使用画笔绘制头发。

Step 7 使用橡皮擦工具去除多余部分。

Step 8 设置加深工具。

Step 9 设置减淡工具。

Step 10 修饰头发效果。

Step 11 设置画笔工具。

Step 12 设置颜色，使用画笔绘制皮肤效果。

Step 13 使用橡皮擦去除多余部分。

Step 14 使用减淡工具修饰皮肤。

Step 15 使用画笔绘制五官。

Step 16 设置画笔工具。

Step 17 使用画笔工具绘制图案。

Step 18 使用橡皮擦去除多余部分。

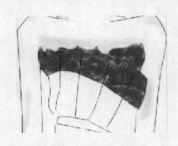

Step 19 设置减淡工具。

Step 20 修饰效果。

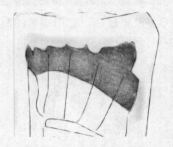

Step 21 使用加深工具修饰图案效果。

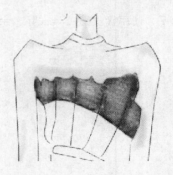

● **Step 22**　使用画笔绘制路径效果。

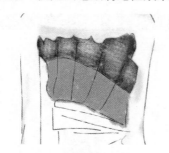

● **Step 23**　设置加深工具。

● **Step 24**　修饰后得到效果。

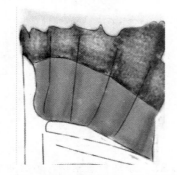

● **Step 25**　选择图层样式－图案叠加。

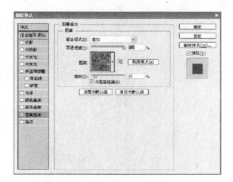

● **Step 26**　得到效果。

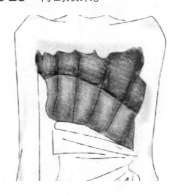

● **Step 27**　进一步修饰得到效果。

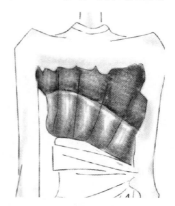

● **Step 28**　设置画笔工具。

● **Step 29**　使用画笔绘制图案。

◆ **Step 30** 使用橡皮擦去除多余部分。

◆ **Step 31** 设置加深工具。

◆ **Step 32** 修饰后得到效果。

◆ **Step 33** 设置减淡工具。

◆ **Step 34** 修饰后得到效果。

◆ **Step 35** 添加背景素材，最终效果。